DO ÁTOMO AO BURACO NEGRO

DO ÁTOMO

PARA DESCOMPLICAR A ASTRONOMIA

AO BURACO NEGRO

SCHWARZA

Copyright © Schwarza, 2018
Copyright © Editora Planeta do Brasil, 2018
Todos os direitos reservados.

Preparação: Elisa Martins
Revisão: Maria Alice Nishijima e Olívia Tavares
Revisão técnica: Ramachrisna Teixeira, professor do
    Instituto de Astronomia, Geofísica
    e Ciências Atmosféricas da USP
Projeto gráfico e diagramação: Tereza Bettinardi
Capa: Tereza Bettinardi
Imagens de capa e miolo: Shutterstock

Dados Internacioais de Catalogação na Publicação (CIP)
Angélica Ilacqua CRB-8/7057

Schwarza
Do átomo ao buraco negro: para descomplicar
a astronomia / Schwarza. — São Paulo: Planeta do Brasil, 2018.

ISBN: 978-85-422-1367-6

1. Astronomia – Obras populares I. Título

18-0923   CDD 523

Índice para catálogo sistemático:
1. Astronomia: Obras populares

Ao escolher este livro, você está apoiando o manejo responsável das florestas do mundo

2024
Todos os direitos desta edição reservados à
EDITORA PLANETA DO BRASIL LTDA.
Rua Bela Cintra, 986 – 4º andar
01415-002 – Consolação – São Paulo-SP
www.planetadelivros.com.br
faleconosco@editoraplaneta.com.br

INTRODUÇÃO 9
1. O ÁTOMO 14
2. ESTRELAS 18
3. SUPERNOVAS 22
4. NEBULOSAS 28
5. NEBULOSAS DE EMISSÃO 34
6. NEBULOSAS DE REFLEXÃO 36
7. NEBULOSAS ESCURAS 38
8. NEBULOSAS PLANETÁRIAS 40
9. ESTRELAS DE NÊUTRONS 42
10. PULSARES 46
11. MAGNETAR 50
12. BURACO NEGRO 54
13. JÚPITER 64
14. SISTEMA SOLAR 68
15. PLANETAS 70
16. MERCÚRIO 72
17. VÊNUS 78
18. TERRA 82

19. MARTE 88
20. SATURNO 96
21. URANO 102
22. NETUNO 106
23. PLUTÃO 112
24. PLANETA 9 118
25. COMETAS 122
26. ASTEROIDES 126
27. METEOROS 130
28. OUMUAMUA 132
29. EXOPLANETAS 136
30. PROXIMA B 138
31. TRAPPIST-1 142
32. JÚPITERES QUENTES 144
33. COROT-7B 146
34. TRES-2B 148
35. HAT-P-1B 150
36. PSR J1719-1438 B 152
37. TRES-4 154

38. ANÃS VERMELHAS 158

39. ANÃS MARRONS 162

40. SUPERGIGANTE AZUL 164

41. SUPERGIGANTE VERMELHA 168

42. UY SCUTI 172

43. A ESTRELA COM NUVENS DE METAL 174

44. ESTRELA VEGA: A ESTRELA OVAL 176

45. HV 2112: A ESTRELA OVO DE CHOCOLATE 178

46. ESTRELA DE TABBY: A ESTRELA DA MEGAESTRUTURA ALIENÍGENA 180

47. AGLOMERADOS ESTELARES 184

48. GALÁXIAS 188

49. O OBJETO DE HOAG 192

50. GALÁXIA DO SOMBREIRO 194

51. GALÁXIA DE ANDRÔMEDA 196

52. A1689-ZD1 198

53. GALÁXIA BX442 202

54. GALÁXIA GN-Z11 204

55. GALÁXIA NGC 262 206

56. GALÁXIA IC 1101: A MAIOR GALÁXIA JÁ DETECTADA 208

57. QUASARES 210

58. BLAZARES 214

59. BURACOS BRANCOS 218

60. MATÉRIA ESCURA 224

61. ENERGIA ESCURA 228

62. BURACOS DE MINHOCA 232

63. BURACOS NEGROS SUPERMASSIVOS 236

64. O BIG BANG 240

65. O BOSS GREAT WALL: A MAIOR ESTRUTURA JÁ DETECTADA NO UNIVERSO 246

AGRADECIMENTOS 249

INTRODUÇÃO

Depois de inventar a roda, aprender a manipular o fogo, desbravar os 7 mares e dominar e espalhar nossa presença em torno de todo o globo terrestre, passamos a mirar o céu – ele era o novo "oceano" a ser explorado.

O espaço já nos fascinava em uma época em que não fazíamos ideia do que ele era e como funcionava; as luzes no céu inspiravam histórias que tentavam explicar sua beleza e seus mistérios.

Os gregos contavam a história de Héracles, filho de Zeus, pai de todos os deuses. Héracles seria conduzido para se alimentar no seio da esposa de Zeus, Hera, para assim conquistar a imortalidade; porém, quando Hera descobriu que Héracles era, na verdade, filho de Zeus com uma mortal, rapidamente afastou a criança de seu corpo e o leite proveniente de seu seio se espalhou pelo céu, criando uma faixa esbranquiçada. Estava batizada a Via Láctea.

É um consenso entre o meio científico que a próxima fronteira a ser superada pela raça humana é o espaço. Já conquistamos a Lua, mas a nossa curiosidade nos levará além, pois é de nossa natureza

©ESA/Hubble & NASA, Acknowledgement: Judy Schmidt

tentar compreender a realidade que nos cerca. E é essa natureza questionadora que possibilitou a criação de instrumentos que ampliaram nossos sentidos para entender o que o Universo tem a nos dizer. Objetos que antes existiam apenas nas equações da relatividade geral, hoje são confirmados, como buracos negros e ondas gravitacionais. Telescópios como o Hubble pintam em nossas retinas as cores vibrantes que compõem nebulosas e galáxias – instrumentos que nos levam a uma verdadeira viagem pelo tempo, rumo à origem de tudo, há 13,8 bilhões de anos.

Quando me arrisquei a falar de astronomia no YouTube eu o fiz por 2 motivos: o primeiro era que eu havia acabado de bater 100 mil inscritos. Isso fez brotar em mim um senso de responsabilidade sobre o conteúdo que eu estava compartilhando com as pessoas, queria trazer algo que fosse relevante de alguma maneira. E o outro motivo foi o amor que tenho pela astronomia, amor esse que nasceu em 1986 (sim, sou meio velho) – ano bem agitado para a astronomia, pois tivemos a visita do cometa Halley, que eu só verei novamente em 2061, quando estiver no auge dos meus 82 anos. E outro fato marcante nesse ano foi a explosão do ônibus espacial Challenger, que resultou na morte de todos os seus 7 tripulantes.

Esses 2 eventos mexeram com a minha cabeça na época. O que era aquele cometa, aquele visitante iluminado oriundo de tão longe? E por que aquelas pessoas arriscaram sua vida? Qual o propósito? De lá para cá, minha curiosidade pelo tema cresceu, e no início de minha vida adulta fui apresentado à série *Cosmos*, de Carl Sagan, talvez o maior divulgador científico da história. Ele usava uma linguagem simples, muitas vezes até poética, para explicar às massas coisas até então debatidas apenas no meio acadêmico, como velocidade da luz, dilatação do tempo e outras dimensões. Quando o vi naquela série desejei ser como ele, um divulgador de ciência, usar a astronomia como analogia à insignificância de nossas preocupações perante a grandeza de todo o Universo.

Mas a minha trajetória profissional acabou me levando a outros caminhos. Por muito tempo trabalhei com arte, fiz colorização digital para histórias em quadrinhos, mas sempre que podia eu lia a respeito das descobertas que andavam sendo feitas na área da astrofísica. Acompanhei lançamentos de ônibus espaciais (e revivi o trauma de ver uma explosão desse tipo de nave, desta vez o Columbia, em 2003); em 2006, torci pelo nosso astronauta Marcos Pontes (que tive o prazer de conhecer em 2017), o primeiro brasileiro a ir ao espaço; nunca me distanciei da astronomia completamente, apesar de não tê-la abraçado profissionalmente, deixando-a como um hobby.

Mas foi quando me vi falando para milhares de pessoas na internet que o desejo de abordar a astronomia voltou com tudo. Com a necessidade de realizar algum trabalho que fizesse sentido para mim, passei a me especializar no assunto com todo o tempo livre que tinha. Fiz cursos de astronomia geral, dinâmica e evolução estelar, reconhecimento do céu na Escola Municipal de Astrofísica (EMA), também fiz um curso para professores no Instituto de Astronomia, Geofísica e Ciências Atmosféricas da Universidade de São Paulo (IAG/USP) - não sou professor, mas consegui uma vaga por ser divulgador científico - e me aproximei de pessoas que me ajudaram muito nessa complicada tarefa que é entender o que se passa acima de nossa cabeça.

"ENXERGANDO NOSSO LUGAR NA ESCALA DO UNIVERSO, TEMOS A PERCEPÇÃO DO QUANTO É EFÊMERA E GRANDIOSA A NOSSA EXISTÊNCIA."

Neste livro, quero levar você por um passeio pelo cosmos usando 65 objetos celestes. A ideia é ter como ponto de partida os objetos microscópicos do universo quântico, ir para planetas, luas, sistemas estelares e galáxias. Uma viagem em escala que parte de objetos pequenos demais para serem visualizados a olho nu a buracos negros monstruosos que chegam a ter 40 bilhões de vezes a massa do Sol. Espero que esta obra faça por você o mesmo que a astronomia fez por mim: ela redefiniu a minha concepção de tempo, existência e humildade. Será um passeio pelas estruturas que possibilitam que eu, você e todos os seus amigos e parentes possam contemplar a existência neste momento no espaço-tempo.

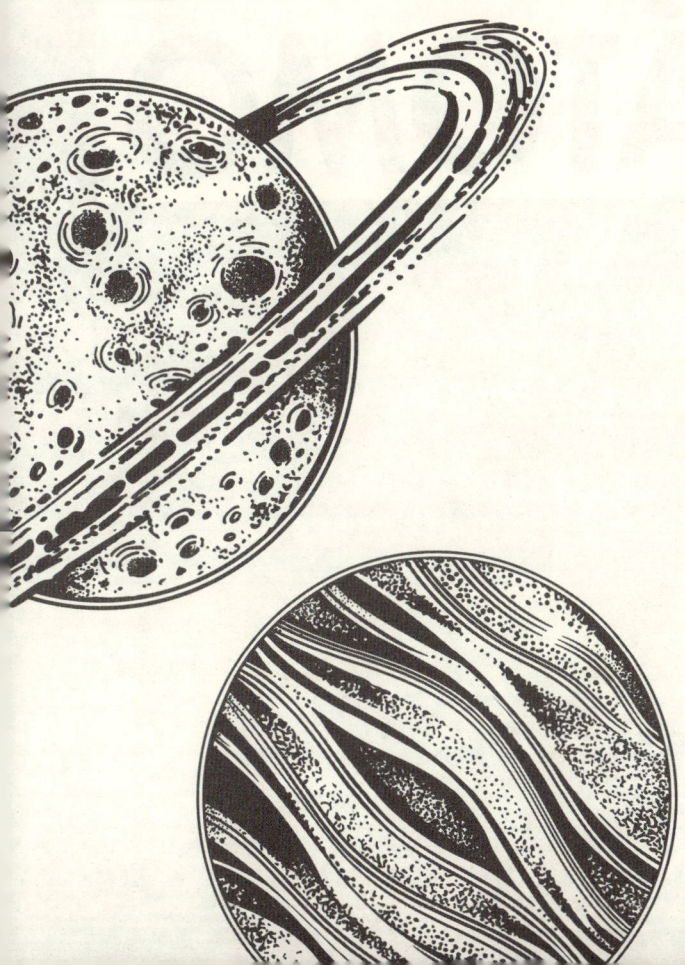

1
O ÁTOMO

PARA COMEÇAR NOSSA VIAGEM

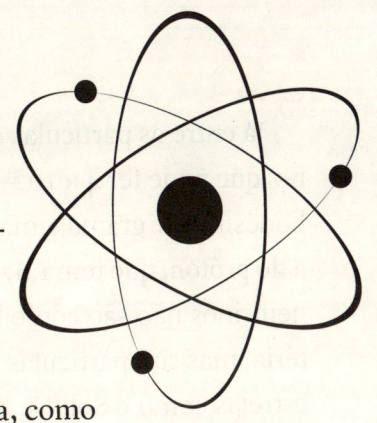

pelo cosmos, podemos falar da menor parte dele. O átomo é o formador da matéria, que é tudo aquilo que ocupa espaço e possui massa. Você e eu somos feitos de átomos. Bom, na verdade, os átomos não são a menor parte da matéria, como já se acreditou um dia; eles são constituídos por partículas de prótons, nêutrons e elétrons. Os átomos foram descobertos por John Dalton. Inicialmente acreditava-se que eles eram partículas sólidas e indivisíveis, mas com a descoberta da radioatividade, que é o processo pelo qual os átomos perdem partículas em forma de radiação, o modelo de Dalton foi colocado em dúvida. Um cara chamado Ernest Rutherford trouxe uma revolução para a teoria. O neozelandês propôs um modelo de átomo em que as partículas negativas (elétrons) giram em torno do núcleo, onde estão partículas positivas (prótons) e neutras (nêutrons). Para Rutherford, os elétrons permaneciam gravitando em torno do núcleo, de maneira semelhante à que os planetas orbitam ao redor do Sol. A questão da estabilidade dos átomos foi resolvida pelo dinamarquês Niels Bohr, que aperfeiçoou a tese de Rutherford. Em seu modelo, os elétrons encontram-se girando em alta velocidade ao redor do núcleo.

Mas você deve ter ficado com uma dúvida agora, pois, se o átomo não é a menor parte da matéria, então qual é?

Existem os fótons e os glúons, que são os menores componentes do átomo, formados por energia pura. Os fótons são as partículas de luz, nomeadas por Einstein. Já os glúons são chamados de partículas mensageiras, pois ligam os quarks (outro tipo de partícula subatômica) ao interior dos prótons e nêutrons.

Já entre as partículas que têm alguma massa, a menor é o neutrino, que pode ter 4×10^{-33} grama, o equivalente a 1 bilionésimo de trilionésimo de grama, uma massa 100 milhões de vezes menor do que a do próton, que tem $1,67 \times 10^{-24}$ grama. Ao contrário dos prótons, os neutrinos não são como bloquinhos de LEGO que compõem a matéria, mas sim partículas ejetadas por átomos a partir do interior de estrelas como o Sol. Neste exato momento, bilhões e bilhões delas estão atravessando o seu corpo enquanto você lê este texto.

Um fato curioso é que o núcleo de um átomo é muito pequeno. Vamos imaginar que temos um átomo do tamanho do estádio do Maracanã; o seu núcleo seria uma formiga no centro do campo. Seria necessário enfileirar 50 milhões desses Maracanãs microscópicos para poder formar uma linha de apenas 1 centímetro.

Acho que todos nós, cedo ou tarde, passamos por um momento na vida em que temos a impressão de não fazer parte de lugar nenhum, de não nos encaixar em nenhum grupo e acabamos nos sentindo estranhos mesmo em família. Nós nos preocupamos em nos atualizar sobre modismos, aplicativos e opiniões para não transparecer nossa implicância (às vezes inconsciente) em nos sentirmos deslocados. Mas pode ser que boa parte de você realmente não faça parte da sua cidade nem de lugar nenhum aqui da Terra. Pesquisas recentes feitas na Universidade Northwestern apontam que mais de 50% dos átomos da nossa galáxia se originaram de fora dela, uma porcentagem muito maior do que se acreditava.

O estudo foi baseado em simulações feitas por supercomputadores que medem transferências intergalácticas usadas para ajudar a entender melhor a evolução das galáxias. Os astrofísicos estabeleceram alguns modelos, em que as explosões de supernovas com liberação excessiva de gás podem ter varrido material de uma galáxia para outra. Então não é errado pensar que parte da matéria da Via Láctea estivesse em outras galáxias e chegou até aqui devido aos fortes ventos oriundos de uma explosão estelar e que viajou pelo espaço intergaláctico por bilhões de anos até finalmente encontrar seu novo lar aqui na nossa galáxia. Sendo assim, nós, seres humanos, assim como os animais, as plantas e o próprio planeta, somos feitos, em grande parte, de matéria vinda de outras galáxias. Podemos nos considerar viajantes do espaço, verdadeiros imigrantes intergalácticos. Por mais que a velocidade desse vento tenha sido alta, devido à grandeza do Universo, acredita-se que o fenômeno tenha durado bilhões de anos. Nossa constante sensação de deslocamento talvez faça sentido e nossa ideia de uma origem local para a vida pode ser um equívoco. Enquanto criamos motivos para nos separar, rotular e odiar, o cosmos nos diz que somos mais conectados do que se imaginava, não só entre nós mesmos, mas com o próprio Universo.

Os elementos essenciais para a vida como a conhecemos dependem de diversos tipos de átomos, como os de hidrogênio, nitrogênio, oxigênio, fósforo e enxofre. Acredito que deve estar ecoando na sua cabeça: "Mas onde esses elementos são formados?". E a resposta você encontrará olhando para cima: nas estrelas.

> **EXISTEM OS FÓTONS E OS GLÚONS, QUE SÃO OS MENORES COMPONENTES DO ÁTOMO, E FORMADOS POR ENERGIA PURA. OS FÓTONS SÃO AS PARTÍCULAS DE LUZ, NOMEADAS POR EINSTEIN. JÁ OS GLÚONS SÃO CHAMADOS DE PARTÍCULAS MENSAGEIRAS, POIS LIGAM OS QUARKS (OUTRO TIPO DE PARTÍCULA SUBATÔMICA) AO INTERIOR DOS PRÓTONS NÊUTRONS.**

2
ESTRELAS

ESTRELA É UMA GRANDE ESFERA LUMINOSA FEITA DE plasma, tipo um *hadouken*, mas muito maior, o Ryu não daria conta de criar. Ela se mantém assim, bela e estável, por causa da gravidade e da pressão de radiação. A estrela mais próxima da Terra é o Sol; sim, o Sol é uma estrela, é bom ressaltar isso, pois reza a lenda que, segundo uma pesquisa, 45% dos americanos não sabem que o Sol é uma estrela... pois é.

Uma curiosidade bacana sobre o Sol e que nos ajuda a dimensionar a coisa toda é que o nosso astro-rei detém 99,8% da massa do Sistema Solar, sendo que ele é 332.900 vezes maior que a Terra. Para você visualizar melhor, se o Sol fosse oco, ele poderia ser preenchido com 960 mil Terras (se você está se sentido pequeno, a coisa piora. Estamos só no começo!).

NASA/SDO

Em breve saberemos um pouco mais sobre a nossa estrela: a sonda Parker Solar Probe, da NASA, será a primeira missão a "tocar" o Sol. A sonda, de tamanho próximo ao de um Fusca, viajará em direção à atmosfera do Sol ficando cerca de 6 milhões de quilômetros da superfície do nosso astro-rei. O lançamento está programado para meados de 2018. A nova sonda vai chegar mais perto do Sol do que a Helios 2, instrumento lançado em 1976, que chegou a 43 milhões de quilômetros da superfície da estrela. Com um valor estimado em 1,5 bilhão de dólares, a missão NASA Solar Probe deve ser lançada ao espaço em agosto de 2018. O que diferencia essa sonda das demais é o seu escudo térmico feito de carbono com 11,5 centímetros de espessura. Tudo isso é para aguentar temperaturas extremas, que podem se aproximar de 1.400 ºC.

Uma estrela brilha em virtude da fusão nuclear em seu núcleo, que funde átomos de hidrogênio, transformando-os em hélio. Esse processo libera a energia que faz a estrela brilhar e emitir calor. Quase todos os elementos químicos que encontramos na natureza e que são mais pesados que o hélio foram formados no interior das estrelas, que, quando chegam ao fim de sua vida, explodem, mandando para o espaço todos os elementos dos quais são constituídas. Você só está aí sentado lendo este livro porque estrelas morreram há bilhões de anos, espalhando pelo espaço matéria composta de elementos químicos que viriam nos formar tempos depois.

O tempo de vida de uma estrela está relacionado à massa que ela tem. Por exemplo, estrelas com massa semelhante à do Sol podem durar algo em torno de 10 bilhões de anos, e, ao esgotar seu combustível de hidrogênio, elas se expandem, tornando-se uma gigante vermelha. Então, ao expelir suas camadas mais externas de gás, geram algo que chamamos de nebulosa planetária com uma anã branca no centro. Esse será o destino do nosso Sol; mas fique tranquilo: o Sol ainda é uma estrela de meia-idade e vai demorar para ela se tornar uma gigante vermelha e nos engolir como se fôssemos pastilhas de M&M's. Agora, estrelas com 10 vezes a massa do nosso Sol têm vida mais curta, durando alguns milhões de anos, e seu fim é um tanto mais trágico: ao esgotar o combustível, o seu núcleo se contrai de forma violenta devido ao colapso gravitacional e as camadas externas são ejetadas em uma enorme explosão a qual damos o nome de supernova (que deveria se chamar supervelha, já que se refere ao fim da vida da estrela, mas às vezes os cientistas não são muito criativos com nomes).

UMA ESTRELA BRILHA EM VIRTUDE DA FUSÃO NUCLEAR EM SEU NÚCLEO, QUE FUNDE ÁTOMOS DE HIDROGÊNIO, TRANSFORMANDO-OS EM HÉLIO. ESSE PROCESSO LIBERA A ENERGIA QUE FAZ A ESTRELA BRILHAR E EMITIR CALOR.

3 SUPERNOVAS

SUPERNOVAS SÃO O "ÚLTIMO SUSPIRO" DE UMA ESTRE-la agonizante. São explosões tão poderosas que mesmo que ocorressem bem longe de nós, fariam um grande estrago na Terra. Como eu disse, estrelas não são eternas, e o fim de estrelas com muita massa acontece quando o combustível que as alimenta se esgota, então elas explodem, dando origem a um dos eventos mais energéticos do Universo. Esses eventos são tão poderosos que acabam ofuscando, mesmo que por um breve período, o brilho de toda a galáxia. Se uma supernova ocorresse nas imediações da Terra, a violência da explosão provavelmente destruiria não só o planeta, como todo o Sistema Solar. Mas, calma, você não precisa se apavorar, pois até o momento não detectaram nenhuma estrela com condições de se tornar uma supernova nas redondezas. Entretanto, isso não quer dizer que estamos imunes, uma vez que junto com a supernova vem uma enxurrada de raios gama, um tipo de radiação eletromagnética bem perigosa (a menos que você seja o Bruce Banner, que ao ser atingido por elas se tornou o Hulk).

NASA, ESA and H.E. Bond (STScI)

> A ESTRELA ETA CARINAE É UMA FORTE CANDIDATA A SE TORNAR UMA HIPERNOVA – UM TIPO DE SUPERNOVA MAIS POTENTE –, E SIMULAÇÕES SUGEREM QUE, MESMO ESTANDO A 7 MIL E 500 ANOS-LUZ DE NÓS, QUANDO ELA EXPLODIR, SEU BRILHO SERÁ TÃO INTENSO QUE BRILHARÁ QUASE COMO A LUA DURANTE ALGUNS MESES. IMAGINE SÓ QUE LINDO SERIA, OS POETAS TERIAM MAIS UM OBJETO PARA INSPIRAR SEUS DEVANEIOS SOBRE O AMOR.

Mas nem tudo seria poético e belo, teríamos que lidar com um baita problema: a radiação gama expelida pela estrela, pois qualquer planeta que estiver no caminho desses raios gama terá sua atmosfera ionizada. Isso eliminaria, por exemplo, a camada de ozônio que protege a vida na Terra da radiação ultravioleta. Mas para que sejamos atingidos por uma rajada de raios gama vinda da Eta Carinae no momento de seu colapso, ela precisa sair exatamente na nossa direção. Para nossa sorte, o eixo de rotação da Eta Carinae, por onde ela dispararia seu tiro fatal de raios gama, está a 45 graus de nossa direção. A menos que esse eixo mude de direção, não precisamos nos preocupar com isso.

▶ Uma curiosidade bacana para impressionar os amigos em uma mesa de bar é que, após uma análise criteriosa, concluiu-se que a supernova que deu origem à Nebulosa do Caranguejo provavelmente aconteceu em abril ou no início de maio de 1054, tendo alcançado um brilho muito intenso em julho daquele ano. Ela foi o objeto mais brilhante no céu noturno depois da Lua. Essa supernova ficou visível a olho nu por mais dois anos. Graças às observações registradas pelos astrônomos chineses e árabes em 1054, a Nebulosa do Caranguejo tornou-se o primeiro objeto astronômico reconhecido ligado a uma explosão de supernova. Imaginem o susto que devem ter tomado os desavisados que viviam naquele longínquo ano de 1054...

Nebulosa do Caranguejo

NASA, ESA, J. Hester, A. Loll (ASU)

O Universo obedece a uma sequência lógica. Por exemplo, você nunca verá alguém nascer velho e morrer bebê, a não ser que a pessoa seja o Benjamin Button daquele filme com o Brad Pitt. E você também nunca vai ver o Sol nascendo no oeste. Se isso acontecer, corra, pois algo catastrófico está acontecendo no Sistema Solar (apesar de que correr não adiantará nada nesse caso). O tempo sempre corre em direção ao futuro. Em nossa busca por entender o Universo, aprendemos a catalogar sequências lógicas que observamos no cosmos. Por exemplo, ao queimar todo o seu combustível, as estrelas que possuem até 10 vezes a massa do Sol se tornam gigantes vermelhas. Após um período, elas encontram seu fim em uma anã branca, destino esse que será compartilhado pelo Sol daqui a bilhões de anos; já estrelas com massa que excedem 10 massas solares entram num colapso gravitacional que resulta em uma violenta explosão, que chamamos de supernova. Ela precede estrelas de nêutrons ou então, os temíveis buracos negros, dos quais falarei nas próximas páginas. Essa era a sequência que conhecíamos sobre a evolução das estrelas, mas recentemente surgiu um estudo que promete bagunçar essa sequência.

Astrônomos encontraram uma estrela que explodiu em uma supernova, conseguiu sobreviver e, depois de sessenta anos, explodiu em uma supernova mais uma vez. É como se Albert Einstein ressuscitasse, para em seguida morrer novamente (legal seria se ele tivesse tempo de ao menos ver que acertou muita coisa com a sua relatividade geral) – isso bagunçaria nossos modelos. A supernova foi batizada de iPTF14hls e quando foi descoberta, em 2014, aparentava ser uma supernova normal, do tipo II-P. Mas, meses depois, sua normalidade deu lugar à estranheza: ela se iluminou novamente. Observações que acumularam seiscentos dias nos mostraram que a sua luminosidade aumentava e diminuía diversas vezes, numa média de 5 vezes em menos de três anos. Quando temos uma supernova, seu brilho tem um pico que dura alguns meses, para então diminuir gradualmente. E a coisa ficou mais estranha ainda quando os astrônomos, ao analisar dados anteriores, detectaram uma explosão na mesma região em 1954. Estimativas sugerem que a estrela que deu origem a essa (ou essas) supernova possuía aproximadamente 50 massas solares. Uma hipótese para o fenômeno é que ela era uma "supernova de instabilidade de par pulsante", algo que existia apenas em equações e que nunca tinha sido detectado. Tratava-se de um fenômeno semelhante ao da supernova, mas que não destruía sua estrela hospedeira e, aparentemente, acontece em estrelas entre 95 e 130 vezes a massa do nosso astro-rei.

Durante essas erupções, a estrela sopra sua camada externa derramando entre 10 e 25 massas estelares e esses eventos podem se repetir até que a estrela se torne um buraco negro.

Pode ser que a iPTF14hls seja um fenômeno completamente novo, que pode mudar o que sabemos a respeito das supernovas. A compreensão da natureza em nossa volta se baseia em como nosso pensamento lógico elucida os padrões percebidos por nossos sentidos e instrumentos.

Baseado nisso, sabemos que a entropia no Universo aumenta com o tempo e datamos eclipses para daqui a dez, vinte, trinta anos e além. Mas não sabemos de tudo, somos como um aspirante a pianista: conhecemos o instrumento, temos uma ideia de como é seu som, mas só vamos entendê-lo plenamente quando decodificarmos o método que o faz tocar belas melodias.

A supernova pode originar dois objetos bem exóticos: um deles é a estrela de nêutrons e o outro é o buraco negro. Falarei desses objetos mais adiante; antes, seguindo a ordem de objetos nascidos do colapso de estrelas, falaremos das nebulosas.

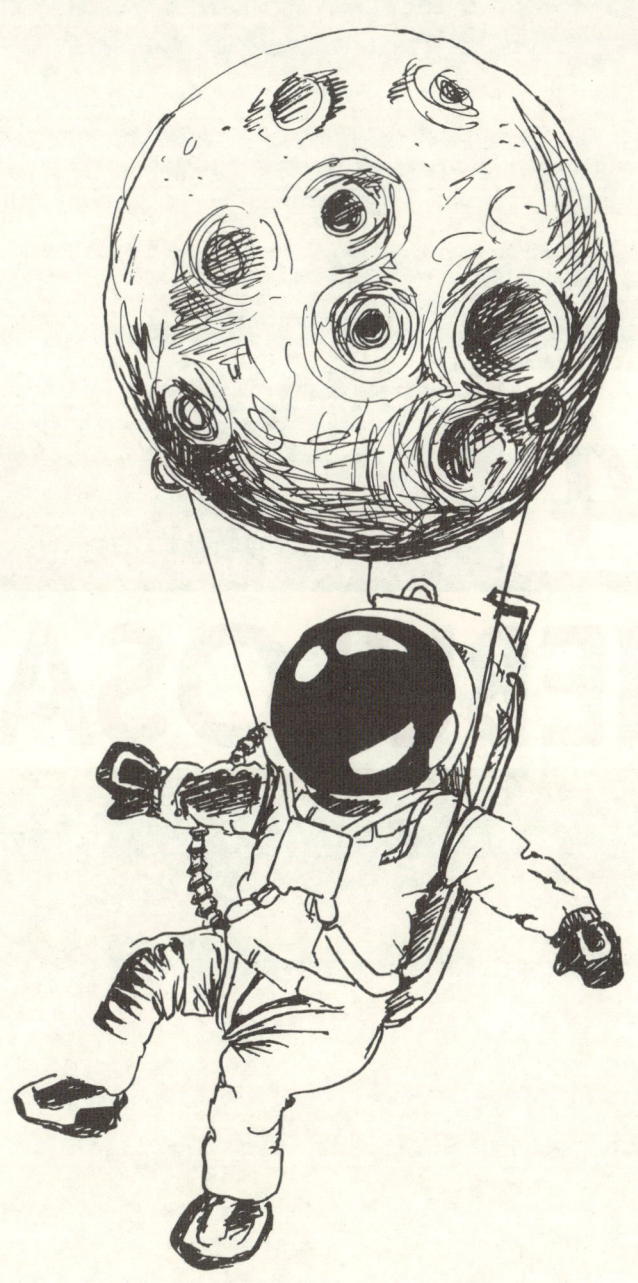

4
NEBULOSAS

C. R. O'Dell, (Vanderbilt)
et al. ESA, NOAO, NASA

QUANDO PESQUISAMOS IMAGENS DO Universo no Google, deparamos com objetos difusos e bem coloridos – são as nebulosas. Basicamente, são nuvens de poeira, hidrogênio, hélio e plasma. Esses objetos são enormes, podendo chegar a até centenas de anos-luz de diâmetro. Há pouco citei que o Sol, ao fim de sua vida, daria lugar a uma nebulosa planetária. As nebulosas receberam esse nome de William Herschel, que, ao observá-las pela primeira vez, achou que se tratava de planetas. Posteriormente, descobriu-se que aqueles objetos eram frutos do material ejetado por uma estrela central, que termina seus dias como uma anã branca. Nebulosa foi um nome dado no passado aos objetos difusos que podemos ver no céu. Entre eles estão o que chamamos de nebulosas planetárias, galáxias, aglomerados de estrelas etc. Nebulosas muitas vezes são lugares de formação de estrelas – isso ocorre quando partes do material que as constituem começam a se aglutinar, formando estrelas e sistemas planetários, como o Sistema Solar.

Existe uma estrutura chamada Pilares da Criação, que são colunas de gás e poeira com 4 anos-luz de extensão localizadas na Nebulosa da Águia, a 7 mil anos-luz da Terra. Essa estrutura, uma das mais bonitas já encontradas no Universo, não existe mais. Os Pilares tiveram seu fim quando foram atingidos por uma supernova há 6 mil anos. Com telescópios potentes podemos "ver" a onda de choque provocada por uma supernova avançando e destruindo tudo em seu caminho, mas vista daqui da Terra, essa onda de destruição ainda não atingiu os Pilares da Criação. Para os nossos sentidos eles ainda estão lá, belos e imponentes, sem saber do iminente destino destrutivo que os aguarda.

Nebulosa de Hélix, também conhecida como Olho de Deus

Isso acontece porque a luz precisa viajar por distâncias imensas e só chega aqui depois que o evento ocorreu (eu poderia fazer uma piada com aquele ex-piloto de Fórmula 1 que sempre chega atrasado, mas vou poupá-lo dessa). Quanto mais longe está a fonte de origem dessa luz, mais ela demora para chegar a nossas retinas. Olhar para o céu noturno é olhar para o passado; quando olhamos para o Sol, estamos vendo como ele era há aproximadamente oito minutos no passado, esse é o tempo que demora para sua luz chegar até a Terra. Olhar para o céu é viajar pelo tempo. Quem precisa de um DeLorean*, não é mesmo?

▶ Você já se perguntou qual é o lugar mais gelado do Universo conhecido? O lugar mais gelado que se tem notícia fica em uma nebulosa, mais precisamente na Nebulosa do Bumerangue. Ela é uma nebulosa com um aspecto fantasmagórico de brilho fraco e está a 5 mil anos-luz da Terra, na Constelação Centauro.

Esse objeto cósmico mais frio já encontrado no Universo possui uma temperatura de - 272 ºC, que é apenas um grau mais quente que o zero absoluto (a temperatura mais baixa). Com forma de gravata-borboleta (quem disse que o Universo não pode ser

---

* A DeLorean Motor Company (DMC) foi uma empresa automobilística norte-americana fundada em 1975 e que faliu em 1982 fabricando apenas um modelo, o DeLorean DMC-12.

NASA, ESA, and M. Livio and the Hubble 20th Anniversary Team (STScI)

Nebulosa Bumerangue, imagem obtida pelo Hubble

NASA, ESA and The Hubble Heritage Team STScI/AURA

Montanha Mística, imagem obtida pelo Hubble

31

"OLHAR PARA O CÉU NOTURNO É OLHAR PARA O PASSADO; QUANDO OLHAMOS PARA O SOL, ESTAMOS VENDO COMO ELE ERA HÁ APROXIMADAMENTE 8 MINUTOS NO PASSADO, ESSE É O TEMPO QUE DEMORA PARA SUA LUZ CHEGAR ATÉ A TERRA."

estiloso?), a Nebulosa do Bumerangue parece ter sido criada por um vento violento que soprou um gás ultrafrio a 50 mil quilômetros por segundo para longe da estrela central. A estrela tem perdido algo em torno de 1 milésimo de massa solar em material por ano durante 1.500 anos. Isso é entre 10 e 100 vezes mais do que ocorre com objetos similares. A rápida expansão da nebulosa teria favorecido que ela se tornasse a região mais fria do Universo conhecido.

Existem outros tipos de nebulosas além das nebulosas planetárias, como a nebulosa de emissão, a nebulosa de reflexão e a nebulosa escura.

5 NEBULOSAS DE EMISSÃO

AS NEBULOSAS DE EMISSÃO SÃO NUVENS DE GÁS IONI-
zado que emitem sua própria luz em um amplo espectro de cores. Comumente, a ionização ocorre por meio de fótons de alta energia provenientes de uma estrela quente próxima. Dentro da variedade de nebulosas de emissão, podemos destacar as regiões H II, originárias de estrelas jovens e massivas.

▶ Geralmente, como um bebê que faz xixi no colo da mãe, uma estrela jovem ionizará parte da mesma nuvem que a originou. Apenas estrelas grandes e quentes podem liberar a quantidade de energia necessária para ionizar uma parte significativa da nuvem. Não é raro que esse trabalho seja feito por um grande enxame de estrelas jovens.

A coloração das nebulosas é fruto de sua composição química e da quantidade de ionização. Por causa da presença de muito hidrogênio no gás interestelar e da relativamente pouca energia para se ionizar, boa parte das nebulosas de emissão são avermelhadas. Se tivesse mais energia disponível, mais elementos poderiam ser ionizados gerando cores como verde e azul. Ao observar o espectro de uma nebulosa, os cientistas podem estimar o seu conteúdo químico. Grande parte das nebulosas de emissão possuem cerca de 90% de hidrogênio; os outros 10% restantes são constituídos por oxigênio, nitrogênio e outros elementos.

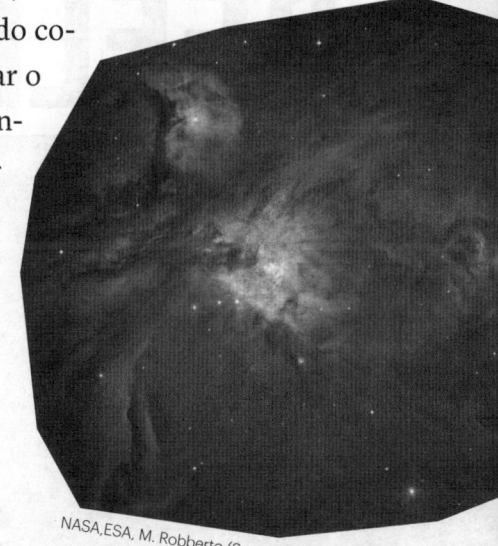

NASA,ESA, M. Robberto (Space Telescope Science Institute/ESA) and the Hubble Space Telescope Orion Treasury Project Team

6 NEBULOSAS DE REFLEXÃO

AS NEBULOSAS DE REFLEXÃO SÃO NUVENS DE POEIRA que não possuem luz própria; elas refletem a luz de uma estrela local ou próxima. É comum observar nebulosas de reflexão na cor azul, pois é uma cor que se espalha fácil.

Costumamos ver nebulosas de reflexão com nebulosas de emissão – juntas elas também são conhecidas como nebulosas difusas. Catalogamos cerca de 500 nebulosas de reflexão. Uma das mais famosas nebulosas azuis pode ser vista na mesma área do céu que a Nebulosa Trífida. A supergigante estrela Antares, que é muito vermelha, é rodeada por uma grande nebulosa de reflexão vermelha, o que a torna bem interessante, já que o mais comum são as de tom azul.

NASA/STScI Digitized Sky Survey/Noel Carboni

Nebulosa Cabeça da Bruxa, uma nebulosa de reflexão fotografada pelo Hubble

7
NEBULOSAS ESCURAS

AS NEBULOSAS ESCURAS TAMBÉM SÃO NUVENS DE GÁS e poeira, mas aqui elas obstruem a luz por detrás delas (em relação à Terra). Identificamos esses objetos pelo contraste da região do céu em seu entorno, que é significativamente mais estrelado. Acredita-se que elas estão associadas a berçários de estrelas.

As maiores nebulosas são visíveis a olho nu e aparecem como caminhos escuros contra o fundo brilhante da Via Láctea; é como se alguém tivesse derrubado um pouco de nanquim preto em uma pintura de Van Gogh (o que seria praticamente um crime contra a arte, convenhamos). Alguns exemplos de nebulosas escuras é a Nebulosa do Saco de Carvão e a Nebulosa Cabeça de Cavalo (uma das minhas preferidas).

8
NEBULOSAS PLANETÁRIAS

VISTAS ATRAVÉS DE UM TELESCÓPIO

pequeno, as nebulosas planetárias se parecem com uma esfera que lembra muito um planeta (aliás, foi isso que confundiu William Herschel). Mas telescópios mais potentes, como o Hubble, nos mostram detalhes desses belos objetos celestes. Nebulosas planetárias têm formas esféricas variadas, são bolas de gás e matéria fluorescente expelidas por uma estrela central no fim de sua vida. Estes são os ventos de intenso calor e de radiação da moribunda anã branca central, que criam a forma característica das nebulosas. É a estrela central morrendo, brilhante como mil estrelas iguais ao Sol. Ela expele suas camadas exteriores gasosas e expõe seu núcleo energético, cuja fonte de radiação ultravioleta ilumina o gás ejetado. Nebulosas provenientes da morte de uma estrela são comuns e permitem que astrônomos possam estudar de perto as várias fases da existência desses objetos. As nebulosas planetárias são um dos objetos celestes mais belos para se observar com um telescópio grande. A radiação ultravioleta da estrela central excita os átomos da matéria ejetada, dando uma cor única para cada elemento.

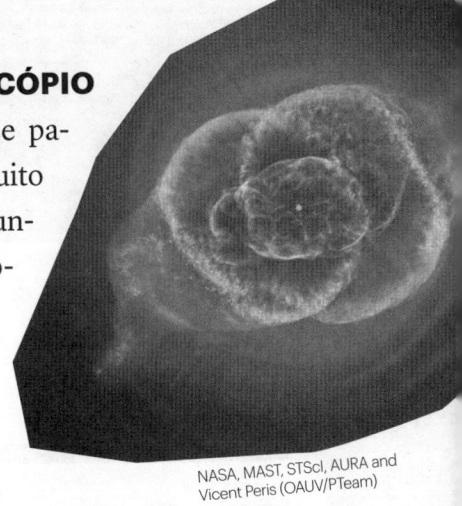

Agora que finalizamos nossa viagem virtual pelas belíssimas nebulosas, podemos ir ao encontro de um objeto bem exótico presente no Universo. Mas teremos que ter um certo cuidado, pois não é seguro se aproximar muito dele; e logo você entenderá porquê.

NASA, MAST, STScI, AURA and Vicent Peris (OAUV/PTeam)

9
ESTRELAS
DE
NÊUTRONS

OUTRO OBJETO QUE PODE SURGIR DE UMA ESTRELA com muita massa é a estrela de nêutrons. Ela é um dos objetos mais densos que podemos observar no Universo. Para se ter uma ideia, 1 colher de chá do material de uma estrela de nêutrons teria uma massa aproximada de 6 bilhões de toneladas, então não seria nada agradável levar essa colher à boca, seria de cair o queixo (*ba dum tsssshhh*).

Esse tipo de objeto emite pouca luz visível, o que as torna praticamente impossíveis de serem detectadas pelos meios mais tradicionais – a maioria é descoberta por meio de suas pulsações de rádio.

Estrelas de nêutrons são objetos tão extremos que nos primeiros minutos após uma estrela começar o processo que dará origem a uma, a energia emitida em neutrinos é igual à quantidade total de luz emitida por todas as estrelas do Universo observável. A estrela de nêutrons giratória mais rápida conhecida gira cerca de 700 vezes por segundo!

E para não sobrar dúvida alguma de que esses objetos são extremos, tem se especulado que, se houvesse vida em estrelas de nêutrons, ela seria bidimensional, já que a gravidade em sua superfície é forte o suficiente para achatar quase qualquer coisa. Seríamos como o Super Mario rodando no Super Nintendo, correndo para lá e para cá naquele universo 2D, só que em vez de estarmos em uma tela de TV,

NASA's Goddard Space Flight Center

A ESTRELA
DE NÊUTRONS
GIRATÓRIA MAIS
RÁPIDA CONHECIDA
GIRA CERCA DE
700 VEZES POR
SEGUNDO.

estaríamos na superfície da estrela de nêutrons.

Mesmo possuindo densidade e gravidade extremas, esses objetos ainda conseguem a proeza de manter uma quantidade considerável de estrutura interna, crostas convidativas, oceanos e atmosferas – uma mistura inusitada de massa estelar com algumas características observadas em planetas. Aqui na Terra estamos acostumados com o fato de termos uma atmosfera que se estende por centenas de quilômetros, mas a gravidade extrema de uma estrela de nêutrons só permite que sua atmosfera se estenda a menos de 30 centímetros.

Agora, vamos imaginar um cenário caótico: e se uma estrela de nêutrons entrasse no Sistema Solar? Um objeto como esse traria o caos consigo, tirando os planetas de suas órbitas e, se chegasse perto o suficiente da Terra, seria capaz de levantar marés que rasgariam o planeta. Isso não seria nada legal, mas, para a nossa sorte, a estrela de nêutrons mais próxima está a 500 anos-luz de distância. E considerando que Proxima Centauri, a estrela mais próxima da Terra, localizada a pouco mais de 4 anos-luz de distância, não tem influência nenhuma no nosso planeta, é bem improvável sentirmos esses efeitos catastróficos.

Os campos magnéticos de uma estrela de nêutrons podem ter entre 1 milhão a 1 trilhão de vezes o campo magnético na superfície da Terra. Uma estrela de nêutrons com diâmetro de 22 quilômetros pode ter até 1,5 vezes a massa do Sol.

10
PULSARES

EU NÃO PODERIA FALAR DE ESTRELAS DE NÊUTRONS

sem citar os pulsares, que são um tipo de estrela de nêutrons, porém altamente magnetizadas e que se formam quando uma estrela mais massiva que o nosso astro-rei entra em colapso.

Primeiro, uma breve história sobre a descoberta desse tipo de objeto. Em 1967, ano em que os Beatles lançaram o disco *Sgt. Pepper's Lonely Hearts Club Band* (o melhor deles, na minha humilde opinião), um grupo de pesquisadores dirigidos pelo professor Antony Hewish, e do qual Jocelyn Bell fazia parte, dedicava-se ao estudo do meio interestelar. Quase que por acaso, a estudante de doutorado Jocelyn Bell detectou um sinal periódico de 1,3 segundo vindo da Nebulosa do Caranguejo. A princípio chegou-se a pensar que fosse algum problema nos instrumentos de captação, ou até mesmo um sinal emitido por uma civilização extraterrestre, tanto que batizaram o sinal de LGM-1: Little Green Men (Homenzinho Verde, em tradução livre). Mas situações desse tipo já haviam sido previstas teoricamente, só não haviam sido observadas.

Em 1926, o astrofísico britânico Ralph Howard Fowler sugeriu a possível existência de estrelas superdensas e o físico soviético Lev Landau deixou um modelo de como poderia ser essa estrutura. Em 1934, o astrônomo suíço Fritz Zwicky previu que, ao explodir uma supernova, o núcleo da estrela poderia comprimir-se e formar uma estrela desse tipo.

Em 1939, enquanto Bob Kane estava criando o super-herói Batman, o físico norte-americano Robert Oppenheimer calculou em detalhes – usando papel e lápis, o que é admirável, eu no lugar dele faria um aviãozinho que não voaria nem 2 metros de distância – a estrutura de estrelas superdensas "hipotéticas" formadas por vários nêutrons praticamente em contato. Há muitos anos sabemos que os pulsares são de fato essas estrelas de nêutrons e que giram muito rapidamente em seu eixo.

O que Jocelyn Bell captou naquele dia de 1967 não eram homenzinhos verdes tentando fazer contato, mas sim um pulsar, uma estrela de nêutrons girando e gerando radiação com o seu campo magnético através do espaço. Uma estrela de nêutrons usa grande quantidade de sua energia rotacional movendo seu campo magnético em torno dela; dessa forma ela acaba diminuindo gradualmente. Quando diminui muito, a estrela passa a irradiar menos energia e, assim, deixa de ser considerada um pulsar. Isso acontece dentro de alguns milhões de anos.

A maioria das estrelas de nêutrons presentes no Universo são velhas o suficiente para não serem mais pulsares. Um estudo recente estima que existem 1 bilhão de estrelas de nêutrons em nossa galáxia, enquanto há cerca de 100 mil pulsares.

Os pulsares emitem um feixe energético, o que os fazem parecer um farol perdido na vastidão do Universo. Foi exatamente esse sinal energético que Jocelyn Bell e seu orientador, Antony Hewish, detectaram naquele longínquo ano de 1967.

PULSARES SÃO UM TIPO DE ESTRELA DE NÊUTRONS, PORÉM ALTAMENTE MAGNETIZADAS E QUE SE FORMAM QUANDO UMA ESTRELA MAIS MASSIVA QUE O NOSSO ASTRO-REI COLAPSA.

11
MAGNETAR

AGORA VOU APRESENTAR A VOCÊ OUTRO OBJETO QUE parece ter saído de alguma história de ficção científica de tão extremo que é: o magnetar.

Ainda não se sabe muito sobre eles, acredita-se que os magnetares são um tipo de estrela de nêutrons que se originaram ou que surgiram da explosão de supernovas. Com uma formação parecida com a de um pulsar, esses caras são um dos objetos mais densos do Universo. Acredita-se que o mecanismo de dínamo é a resposta para a sua formação. Simplificando a coisa toda, se a rotação, a temperatura e o campo magnético de uma estrela de nêutrons se encaixam nos intervalos certos, ela é capaz de converter o calor e a energia rotacional em energia magnética extremamente forte.

Apesar de existir certa semelhança na formação das estrelas de nêutrons e de magnetares, elas apresentam características bem diferentes. Por exemplo, magnetares mais "desanimados" giram em um ritmo mais lento, 1 vez a cada 8 a 10 segundos em média, em vez de 1 ou mais rotações por segundo como observado nas estrelas de nêutrons. Outro fato que diferencia um magnetar de uma estrela de nêutrons é que o magnetar produz um brilho em raioX continuamente, com uma potência mais intensa do que se esperaria da rotação de uma estrela de nêutrons. E o campo magnético gerado por um magnetar pode ser de até 1 trilhão de vezes mais poderoso que o campo magnético de nosso planeta, chegando a temperaturas de até 10 milhões de graus Celsius na superfície.

Mas o campo magnético forte decai em um período de cerca de 10 mil anos. Levando em consideração o tempo de vida das estrelas, 10 mil anos é um tempo bem curto. Quando a força magnética fica

NASA/Goddard Space Flight Center Conceptual Image Lab

extremamente forte, a crosta dos magnetares geram os starquakes (que são terremotos na superfície de estrelas. É, nem elas estão livres disso) que resultam em poderosos flashes de raios gama, um dos maiores do Universo e que acabam ofuscando as estrelas da galáxia por décimos de segundo. Essas explosões são tão poderosas que, mesmo a uma distância de 10 anos-luz, acabariam com a nossa frágil camada de ozônio, o que nos levaria a uma extinção em massa.

Vamos imaginar outra situação caótica (pois é divertido destruir coisas de vez em quando, mesmo que seja hipoteticamente): você está viajando pelo espaço e tem o azar de ficar a mil quilômetros de distância de um magnetar. A força magnética iria dobrar os átomos de seu corpo enquanto a força gravitacional iria matá-lo. Já um magnetar a uma distância de apenas 100 mil quilômetros da Terra iria apagar todos os dados de cada cartão de crédito do mundo – nada de compras on-line nos arredores de um magnetar (o que seria bom para gastadores compulsivos).

Para a nossa sorte (já reparou como somos sortudos?), magnetares são objetos bem raros no Universo. Acredita-se que a cada 10 supernovas, uma se torna um magnetar. Até agora só fomos capazes de detectar 16 desses objetos incríveis. Telescópios de raios X, como o Chandra, têm ajudado os astrônomos a desvendar os segredos desse tipo de objeto.

Apesar de muito densos, estrelas de nêutrons, pulsares e magnetares não são os objetos mais densos do Universo; o pódio de objeto mais pesado do cosmos fica para o próximo da minha lista.

SE A ROTAÇÃO, A TEMPERATURA E O CAMPO MAGNÉTICO DE UMA ESTRELA DE NÊUTRONS SE ENCAIXAM NOS INTERVALOS CERTOS, ELA É CAPAZ DE CONVERTER O CALOR E A ENERGIA ROTACIONAL EM ENERGIA MAGNÉTICA EXTREMAMENTE FORTE.

12
BURACO
NEGRO

TAÍ UM OBJETO QUE FASCINA AS
pessoas: buracos negros. Previsto pelas equações da relatividade, ele era tão absurdo que Albert Einstein chegou a duvidar de que realmente existissem. Mas hoje sabemos que eles são reais e a cada dia descobrimos um pouco mais sobre esse monstro espacial devorador de matéria. Ele também é fruto do colapso gravitacional de uma estrela, porém, para gerar um buraco negro, essa estrela precisa ter mais de 8 massas solares. Eles são uma região no espaço-tempo que possui uma densidade ainda maior que aquela da estrela de nêutrons, o que gera uma gravitação tão poderosa na superfície e nos arredores – horizonte de eventos – que nem a luz consegue escapar, por isso o nome de buraco negro.

Não seria nada agradável cair em um. Ao se aproximar dessa singularidade gravitacional, um astronauta hipotético (e deveras azarado) que fosse pego por um buraco negro seria esticado como um espaguete pela diferença da atração gravitacional da cabeça aos pés.

Mas vamos imaginar uma situação hipotética em que o astronauta não seria destruído. Ao passar pelo horizonte de eventos, fronteira da qual não se tem volta, o astronauta não sentiria nada, mas um observador externo perceberia a queda de seu companheiro de maneira diferente. A percepção de tempo do astronauta que caiu no buraco negro seria diferente da de um outro que ficou acompanhando do lado de fora. Para o astronauta, sua queda seria suave e sem sinal de aceleração, já o observador do lado de fora o veria cair indefinidamente sem jamais tocar o fundo. É a relatividade geral agindo.

Mas fiquem tranquilos porque o buraco negro mais próximo de nós está localizado a aproximadamente 3 mil anos-luz da Terra. Ele se chama V616 Monocerotis e tem entre 9 e 13 massas solares. Ou seja, se conseguíssemos construir uma espaçonave que viajasse na velocidade da luz, demoraria 3 mil anos para chegar até ele. É longe pra caramba! Existe outro que está a 25 mil anos-luz da Terra, mais precisamente no centro de nossa galáxia e tudo – eu, você, o Sol e os demais planetas do Sistema Solar – gira em torno dele. Seu nome é Sagittarius A*, só que ele é um tipo diferente de buraco negro, é um supermassivo, com 4 milhões de massas solares (irei falar desse tipo de buraco negro no fim deste livro).

NASA/UMass/D.Wang et al. IR: NASA/STScI

A ciência não é cheia de respostas, pelo contrário, ela é cheia de perguntas. Por meio dela os humanos questionam a realidade em que estão inseridos. Não é raro ela ser vista com maus olhos por parte das pessoas, pois perguntar é um trabalho que às vezes tememos; tememos deixar nossas certezas confortáveis e confrontar o desconhecido; tememos lidar com respostas que não condizem com o que nos foi ensinado desde quando nascemos; tememos quebrar o fino fio de sentido que rege nossa vida. A astronomia é uma ciência que faz muitas perguntas, ela olha para o céu e questiona: "quem somos?", "por que somos?" e "até quando seremos?". A nossa busca por respostas nos obriga a decodificar a linguagem do Universo para uma linguagem que possamos compreender. Nas páginas anteriores, relatei algumas descobertas realizadas nos últimos séculos; fizemos diversos avanços nessa decodificação, descobrimos, por exemplo, que galáxias se afastam uma das outras e que o Universo está em expansão. Descobrimos que o nosso Sol é uma estrela como as demais existentes no céu noturno e você acabou de ler que no centro de nossa galáxia reside um buraco negro supermassivo, o Sagittarius A*. Mas ao descobrir objetos colossais como o Sagittarius A*, outras perguntas surgem: por que tem um buraco negro com mais de 4 milhões de massas solares no centro da nossa galáxia? Como ele surgiu?

Recentemente uma equipe de pesquisadores da Universidade Keio, no Japão, encontrou evidências de um buraco negro enorme perto do centro da Via Láctea: ele teria 100 mil vezes a massa do Sol, o que o torna o segundo maior buraco negro detectado na Via Láctea, perdendo somente para o Sagittarius A*. Denominado CO-0.40-0.22, ele pode ser a primeira evidência de algo que os astrônomos procuram há muito tempo: o buraco negro de massa intermediária, que seria um buraco negro do qual a massa é significativamente maior do que um buraco negro estelar, que tem poucas dezenas de vezes a massa do Sol, e ainda bem menor que a massa de um buraco negro supermassivo. E tudo indica que ele está caminhando lentamente em direção ao Sagittarius A* e acabará sendo incorporado por ele. Isso pode explicar como surgem os buracos negros supermassivos do centro das galáxias; talvez eles se formem engolindo outros buracos negros semelhantes ao CO-0.40-0.22 situados nas redondezas. E é assim como a astronomia trabalha: ela não tira um coelho da cartola nem inventa respostas para preencher lacunas do conhecimento, ela observa a natureza, analisa o que já foi observado por aqueles que vieram antes de nós, comparam, testam e aprimoram esse conhecimento com o auxílio de equipamentos cada vez mais precisos. O Universo é como um piano, sabemos do belo som que ele pode produzir, mas, sem o estudo, nunca poderemos reproduzir uma só nota nele.

Existe uma ideia que diz que os buracos negros podem gerar outros universos, porém não existe nenhuma evidência de outros universos por aí. Por outro lado, ao analisarmos o cosmos tal como ele é, nos convencemos de que ele reúne uma série de condições extremamente propícias para o surgimento de vida; o Universo, tal qual ele é, é suficiente para que estejamos aqui.

Big Bang: seria ele um buraco negro de outro Universo?

Segundo o dr. Paul Matt Sutter, astrofísico da Universidade Estadual de Ohio, nos Estados Unidos, se as condições do nosso Universo fossem alteradas, mesmo que só um pouquinho, eu, você, seu *crush* e todo mundo que você conhece não estaríamos aqui agora. Acontece que as leis-padrão da física não se aplicam na singularidade e isso poderia, em teoria, modificar as condições do Universo no qual vivemos, dando origem a um novo espaço ligeiramente alterado. É bem provável que você esteja achando essa ideia bem maluca. Saiba que existem cientistas que acreditam que o nosso próprio Universo pode ter surgido de um buraco negro. Nesse caso, o Big Bang – a grande explosão que deu origem ao Universo – teria sido resultado do colapso de uma estrela em um Universo diferente. Eles afirmam isso baseado em algumas semelhanças entre a singularidade dos buracos negros e a singularidade do Big Bang.

Sim, essa possibilidade deixa a gente em parafuso, né?

Estamos tão acostumados com o fato de as coisas serem como são que poucas vezes nos perguntamos: de onde saiu tudo isso? Talvez o senso comum nos seduza com a conformidade confortável perante a dúvida, mas alguns são inquietos e procuram, pelos meios que têm, saber a história por trás da existência. Filósofos, religiosos e cientistas debruçaram noites a fio tentando encontrar pistas para o nascimento do Universo.

No caso da ciência, conseguimos, ao longo dos anos, captar pequenos rastros do que pode ter ocorrido. Em 1912, um astrônomo chamado Vesto Slipher observou pela primeira vez o deslocamento das linhas espectrais de uma galáxia – a galáxia de Andrômeda –, obtendo assim a primeira determinação da velocidade radial de uma galáxia. Depois, um cara chamado Alexander Friedmann, apresentou em 1922, suas celebradas Equações de Friedmann, que demonstravam que o Universo poderia se expandir e a qual taxa de velocidade.

Então, em 1929, Edwin Hubble fez observações que confirmaram que todas as galáxias distantes estavam se afastando. A partir dessas evidências, a teoria foi ganhando força. Um dia, tudo o que vemos no Universo estava junto e compactado em um ponto de singularidade incrivelmente denso que, ao expandir, deu origem ao Universo – isso teria sido o Big Bang. Mas como a ciência não é feita de convicções, essa teoria sempre esteve aberta a reavaliações, e recentemente foi proposto que o Universo poderia ter nascido depois que uma estrela de 4 dimensões se colapsou em um buraco negro e expulsou detritos. Absurdo? Talvez, mas uma das limitações da teoria do Big Bang é nos dizer o que havia antes da grande expansão. A verdade é que o Big Bang deixa muitas questões, por exemplo, de que maneira ele teria produzido um Universo com uma temperatura tão uniforme em tão pouco tempo? Apesar de ter 13,8 bilhões de anos, seria preciso que o Universo expandisse mais rápido do que a luz para que a temperatura que encontramos nele fosse possível, e, mesmo assim, ainda restariam muitas questões a serem respondidas.

Temos um modelo que demonstra que o Universo tridimensional fica flutuando como uma membrana sobre um "Universo a granel" de 4 dimensões; e se nesse Universo em 4D existir estrelas de 4 dimensões, elas podem evoluir de forma parecida como as de 3 dimensões, ou seja, as mais massivas explodirão se tornando supernovas e, posteriormente, buraco negros. Sendo assim, o buraco negro 4D também teria um horizonte de eventos, porém enquanto a superfície do horizonte de eventos de um buraco 3D se apresenta em 2D, a de um buraco negro 4D seria um objeto 3D chamado hiperesfera. Esse modelo diz que quando uma estrela 4D se colapsa, seu material restante cria uma membrana 3D em torno de um horizonte de eventos 3D e, em seguida, ela se expande, dando origem a um Universo. Esse modelo responde à questão da temperatura uniforme presente nesse Universo, pois o Universo 4D que antecedeu o nosso já existia há muito tempo.

Mas como eu disse, esse é um modelo que diz que o Universo surgiu de um buraco negro. Talvez a complexidade do início nunca seja decifrada por completo pela nossa raça. Continuamos catando os cacos do que o Universo foi um dia para saber exatamente o que seria esse "foi" e colamos seus fragmentos em uma tentativa de descobrir como era seu formato original; vez ou outra podemos colar pedaços de maneira errada e acreditar por um tempo que aquilo é o correto, até surgir uma peça que se encaixa melhor. E colocar a última peça desse quebra-cabeça não é garantia de que vamos entender a imagem que se formou, mas isso não vai tirar a emoção que foi encaixar cada peça em seu lugar.

Vale salientar que a singularidade é um lugar de densidade infinita e isso não é realmente uma "coisa". Significa que não podemos mais usar a matemática para descrever as coisas, uma vez que temos resultados infinitos quando tentamos calcular o que ocorre. Até o momento, sabemos de dois lugares onde essa "quebra" da matemática acontece. Um deles é o centro de um buraco negro, onde a matéria é tão compactada que a matemática se torna ineficiente, e o outro é o Universo primordial, quando o cosmos inteiro estava esmagado em um pequeno ponto de alta densidade, no qual a matemática se torna incapaz de nos auxiliar novamente. Então, essa seria a única propriedade que eles têm em comum, a singularidade. Apesar de serem singularidades, elas são distintas, pois enquanto o buraco negro é uma região no espaço-tempo embutido no Universo, a singularidade do Big Bang se trata de todo o Universo.

Mas vamos sair um pouco desse 3D, 4D etc. (parece até que estou querendo vender um tipo novo de TV digital). Vamos falar de um fato curioso: o menor buraco negro encontrado até o momento é o XTE J1650-500, que pertence a um sistema binário com uma estrela em comum. Sua massa é de apenas 3,8 vezes a massa do Sol e seu tamanho é de apenas 25 quilômetros de diâmetro, o que equivale a uma pequena cidade. Os astrônomos já conheciam esse sistema binário há muitos anos, mas só recentemente novas medições mais precisas foram feitas utilizando o instrumento de raios X RXTE da NASA.

↳ O buraco negro está a uma distância de 10 mil anos-luz na constelação austral de Ara. Segundo os cientistas, esse é praticamente o limite mínimo de tamanho de um buraco negro. Os menores buracos negros possíveis devem ter entre 1,7 e 2,7 massas solares. Estrelas com massa menor do que isso que entram em colapso dão origem a anãs brancas ou estrelas de nêutrons em vez de se tornarem buracos negros.

> OS BURACOS NEGROS SÃO INVISÍVEIS (LEMBREM-SE, NEM A LUZ ESCAPA DELES), MAS, APESAR DISSO, NORMALMENTE SÃO RODEADOS POR UM DISCO DE GÁS E POEIRA. ISSO ACONTECE PORQUE O BURACO NEGRO SUGA MUITA MATÉRIA EM UMA VELOCIDADE MUITO GRANDE, CRIANDO UM EFEITO PARECIDO COM O DE ÁGUA ESCOANDO EM UMA PIA, FORMANDO UMA ESPIRAL EM VOLTA DO RALO. ESSE FENÔMENO PROVOCA UM AQUECIMENTO DE GÁS AO SEU REDOR, O QUE LIBERA TORRENTES DE RAIOS X EM INTERVALOS REGULARES. QUANTO MENOR O BURACO NEGRO, MAIS ESTREITO É A ESPIRAL, E, PORTANTO, A FREQUÊNCIA DE EMISSÃO DE RAIOS X É MAIOR.

Como eu disse, o destino do Sol é se tornar uma anã branca e não um buraco negro. Para o Sol se tornar um buraco negro, ele teria que ser comprimido até ter o diâmetro de 3 quilômetros. Agora, se você quer ver a Terra se tornar um buraco negro, terá que comprimi-la até ela ter um diâmetro de aproximadamente 9 milímetros – esse seria o Raio de Schwarzschild da Terra.

O Raio de Schwarzschild (que não foi nomeado assim em minha homenagem, uma pena) se calcula igualando a velocidade de escape a 300.000 km/s, a velocidade da luz. Quando comprimimos um objeto estático e esférico até o seu Raio de Schwarzchild, a velocidade de escape de sua superfície supera os 300.000 km/s, o que quer dizer que nem a luz é capaz de escapar. Sendo assim, estaremos diante de um buraco negro. Em um buraco negro estático, o Raio de Schwarzschild irá coincidir com o horizonte de eventos, enquanto em um buraco negro rotativo, temos um Raio de Schwarzschild ligeiramente superior.

Agora, e se a gente comprimisse uma pessoa a seu Raio de Schwarzschild, ela se tornaria um buraco negro?

Em teoria, sim. Porém um buraco negro tão pequeno poderia existir? Talvez, mas por pouco tempo, já que um buraco negro de pequena massa evaporaria rapidamente em razão da Radiação Hawking, que diz que quanto menor o buraco negro, mais rápido ele desaparecerá. Isso quer dizer que um objeto que teria uma temperatura altíssima se evaporaria em pouquíssimo tempo.

Desta maneira, não vá achando que irá encontrar miniburacos negros no caminho do trabalho ou escola. Um buraco negro de 10^{12} quilos teria o tamanho de um próton e sua temperatura seria superior a 10^{11} Kelvin. Stephen Hawking, físico teórico, pensava nos buracos negros como não eternos, pois eles evaporam; quanto menor o buraco negro, mais quente ele se torna e, como resultado, sua evaporação se dá mais rapidamente. Miniburacos negros com uma massa de 10^{12} quilos evaporam em menos de 10^{13} anos. Ou seja, qualquer miniburaco negro de 10^{12} formado quando o Universo ainda era muito novo teria evaporado, deixando de existir. O tempo de vida de um buraco negro até a sua evaporação é equivalente ao cubo de sua massa inicial. Um buraco negro com massa proporcional à do Sol levaria aproximadamente 10^{67} anos para evaporar, o que o faria ter um tempo de vida muito maior do que a idade que o Universo tem hoje. Um miniburaco negro com 230,000kg iria evaporar em apenas um segundo.

Em outras palavras, os buracos negros não são eternos, por mais que alguns demorem bilhões de anos para evaporar, um dia eles deixam de existir.

13
JÚPITER

CONTINUANDO O NOSSO PAPO SOBRE estrelas e o que pode surgir delas, vamos falar de Júpiter, sim, Júpiter. Falar de estrelas nos leva até o maior planeta do Sistema Solar e você vai entender o porquê nas próximas linhas.

Júpiter quebra quase todos os recordes de grandeza no Sistema Solar, ele tem 2,5 vezes mais massa do que todos os outros objetos do Sistema Solar... JUNTOS! (fora o Sol, obviamente).

NASA/Damian Peach

Seu raio é de 71.492 quilômetros, 11 vezes maior que o raio do nosso planeta. Se Júpiter fosse oco, caberia aproximadamente mais de 2 mil Terras dentro dele. Bom, deu para entender que ele é enorme, né? Mas o que Júpiter tem a ver com as estrelas? Bem, podemos começar pelo fato de que Júpiter, que é um planeta gasoso, é constituído basicamente pelos mesmos gases dos quais o Sol é constituído: hélio e hidrogênio.

Se ele é feito dos mesmos elementos que o Sol, então por que Júpiter não "ascende"? Júpiter não se tornou estrela por causa de um detalhe, ele não acumulou massa suficiente para poder produzir energia por meio de fusão nuclear. Modelos teóricos dizem que Júpiter precisaria ter algo em torno de 75 vezes a massa que ele tem hoje para poder se tornar uma estrela, mas esse valor pode variar, dependendo da composição química da estrela.

É em Júpiter que encontramos a maior tempestade detectada no Sistema Solar, a Grande Mancha Vermelha. Acredita-se que essa tempestade exista há aproximadamente 350 anos. O fenômeno é monitorado desde 1830. Não seria muito agradável dar um mergulho nesse lugar, já que a enorme pressão e o calor não seriam nada recomendáveis à sua integridade física. Os dados coletados pela sonda Juno, da NASA, durante a sua passagem por ela em julho de 2017 nos revelam algumas características bem interessantes da maior tempestade do Sistema Solar. Descobrimos que a tempestade púrpura é equivalente ao tamanho de uma Terra e meia e suas raízes penetram cerca de 300 quilômetros na atmosfera do planeta.

Esse dado foi captado pelo radiômetro de micro-ondas da Juno, que tem a capacidade de medir a profundidade abaixo das nuvens de Júpiter. A Juno descobriu que as raízes da Grande Mancha Vermelha são de 50 a 100 vezes mais profundas do que os oceanos da Terra e mais quentes na base do que no topo; já os ventos estão associados a diferenças de temperaturas, e o calor da base do ponto explica os fortes ventos que podemos observar no topo da atmosfera. O futuro da tempestade ainda é incerto, como eu disse, ela é monitorada desde 1830 e possivelmente já existe há uns 350 anos. No século XIX, a mancha tinha quase 3 vezes o diâmetro da Terra, mas ela parece estar diminuindo de tamanho. Quando as naves Voyagers passaram pelo planeta em 1979, as manchas tinham 2 vezes o diâmetro da Terra. Juno também detectou uma nova zona de radiação, logo acima da atmosfera do gigante gasoso, perto do equador, que inclui íons energéticos e hidrogênio, oxigênio e enxofre movendo-se a pequenas velocidades.

Recentemente, astrônomos detectaram gigantes gasosos semelhantes a Júpiter orbitando bem próximo de suas estrelas. Esse tipo de descoberta intriga os cientistas, que esperavam encontrar sistemas semelhantes ao Sistema Solar, onde os planetas grandes ficam distantes da estrela e os pequenos mais próximos.

Segundo um estudo publicado por Greg Laughlin, da Universidade da Califórnia, Júpiter

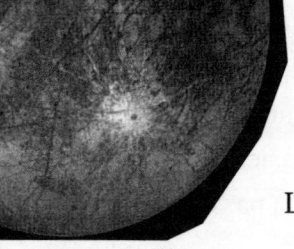

Galileo Project, JPL, NASA

se deslocou para uma órbita mais próxima do Sol, em um lugar onde o planeta Marte se encontra hoje, configurado em uma espécie de primeira família de planetas, da qual muito provavelmente superterras faziam parte, orbitando mais próximo de nossa estrela que Mercúrio e, finalmente, sendo engolida por ela. Superterras são exoplanetas maiores e com mais massa, mas menores que Netuno. Essa movimentação de Júpiter teria empurrado essas superterras, gerando um banquete para o Sol, ou até mesmo colisões entre os astros. Esses eventos catastróficos teriam ocorrido no início do Sistema Solar, quando ele tinha algo em torno de 1 e 3 milhões de anos, após o surgimento do Sol, há 4,5 bilhões de anos. Depois de causar uma verdadeira baderna no Sistema Solar, Júpiter foi se movendo para longe do Sol novamente até estacionar entre Marte e Saturno.

Júpiter é o irmão mais velho da Terra (e o meu planeta preferido, depois da Terra, obviamente) e acredita-se que ele seja o primeiro planeta do Sistema Solar. Estudá-lo pode nos dizer muito sobre sua origem.

Satélite Europa, de Júpiter.

NASA/JPL-Caltech

14
SISTEMA SOLAR

A ORIGEM DO SISTEMA Solar mais aceita dentro da comunidade científica é a que diz que há 4,6 bilhões de anos existia uma nuvem de poeira e gás – uma nebulosa, algo que comentei nas páginas anteriores – que começou a se contrair devido a autogravidade. A explosão de uma estrela, uma supernova, pode ter acabado com o equilíbrio gravitacional da nuvem, iniciando a contração, mas o colapso gravitacional pode ter surgido de maneira espontânea também.

Nosso Sistema Solar era muito diferente há 4,6 bilhões de anos; o Sol não era a estrela pimpona que conhecemos hoje e os planetas nem existiam. O Sistema Solar era uma concentração de massa central e um disco de matéria em torno dela. Milhares de anos foram se passando e essa concentração de massa central foi evoluindo para se tornar o Sol e o disco externo, semelhante a um anel, foi dando origem aos planetas.

Nem todos os discos de matéria em torno do Sol resultaram em planetas, como é o caso do cinturão de asteroides presentes entre Marte e Júpiter. Agora, como é que um disco de matéria e poeira se transforma em um planeta?

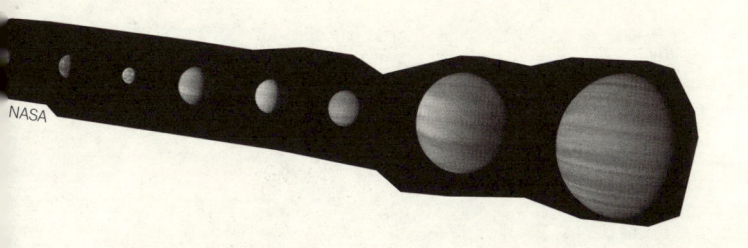

15
PLANETAS

OS DISCOS DE GÁS E POEIRA QUE FICAM EM TORNO DE estrelas no início da vida do sistema estelar são chamados de discos protoplanetários. As matérias presentes neles vão colidindo, formando pequenos aglomerados de matéria – os planetesimais, que, por sua vez, também podem colidir, gerando liberação de calor, que acaba derretendo-os e fazendo-os grudar uns nos outros; toda essa aglutinação de matéria acaba por formar os planetas rochosos.

Também temos os planetas gasosos, como Júpiter, Saturno, Urano e Netuno. Eles são compostos principalmente por gases (hidrogênio, hélio e metano) e possuem um pequeno núcleo sólido em seu interior, que tem sua composição semelhante ao da nebulosa que originou o Sistema Solar.

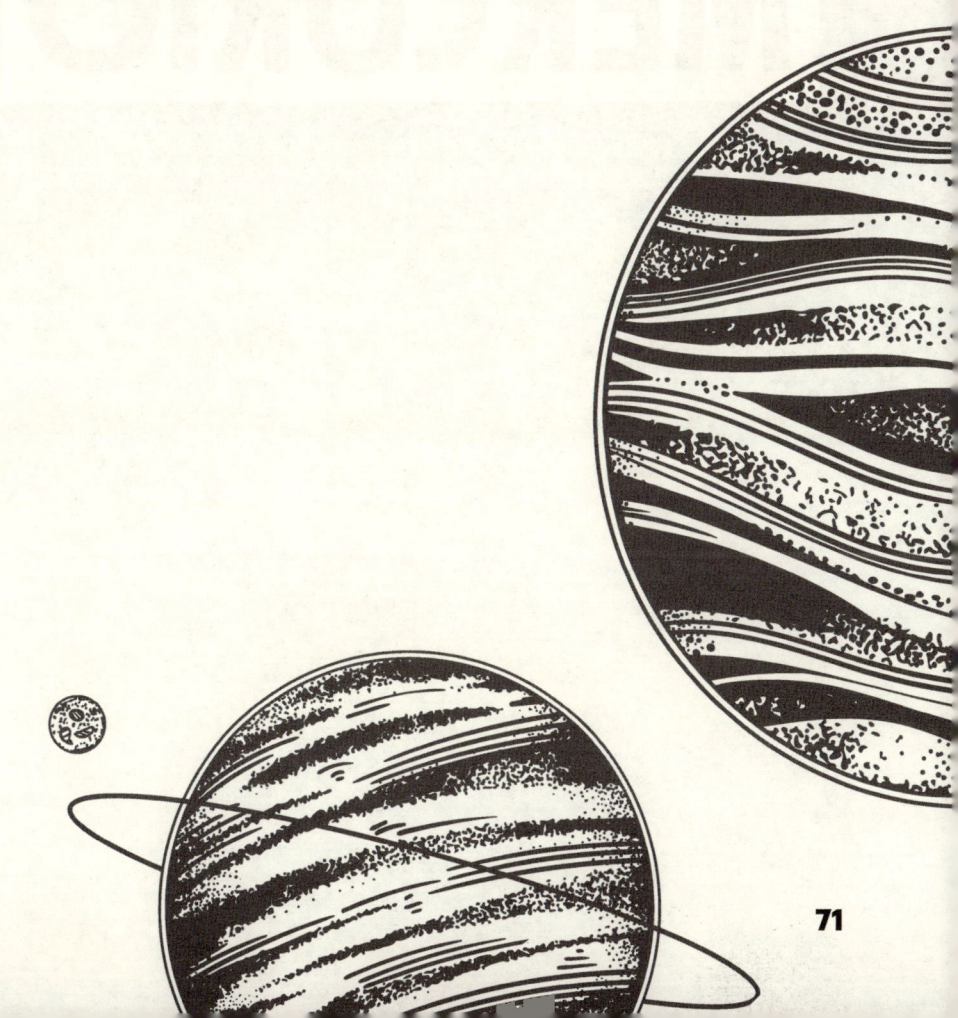

16
MERCÚRIO

O PLANETA MERCÚRIO É UM NANICO NO SISTEMA SO-
lar apesar de ser o planeta mais próximo do Sol, ele não é o mais quente, esse título fica com Vênus. A temperatura em sua superfície pode chegar ao absurdo de 450 ºC, mas como o planeta não possui uma atmosfera para segurar esse calor, quando chega a noite a temperatura cai para menos de 170 ºC negativos, ou seja, uma variação de mais de 600 graus. Digamos que ele é um planeta de extremos. Seu nome vem do deus romano Mercúrio, que era como o Flash dentro da mitologia romana, e não é para menos, uma vez que ele é o planeta que circunda o Sol mais rápido em relação aos outros do Sistema Solar.

Mercúrio é muito pequeno. Para se ter uma noção de suas pequenas dimensões, ele é apenas um pouco maior que a nossa Lua. Aliás, outra coisa que Mercúrio tem em comum com o nosso satélite natural é a quantidade de crateras, pois, assim como a Lua, Mercúrio não possui uma atmosfera significativa para impedir impactos com asteroides.

Mas, apesar de ser um planeta quente, em 2012, a sonda espacial Messenger, da NASA, descobriu água congelada nas crateras em torno do polo norte do planeta, em regiões que ficam permanentemente à sombra do calor proveniente de nosso astro-rei, tudo isso graças ao eixo de rotação do planeta, que apresenta um ângulo de apenas 1 grau. Tem água até em Mercúrio e às vezes fico sem água aqui no bairro. Acredita-se que a água em Mercúrio tenha vindo com meteoritos, ou então o vapor de água pode ter sido emanado do interior do planeta.

Às vezes, ele parece estar andando para trás em relação às estrelas quando visto da Terra, ao contrário do seu curso natural. Para alguns astrólogos, isso pode ter uma influência negativa na sua vida, relacionado ao azar – para eles, o planeta é ligado à comunicação, então, sua fase retrógrada pode atrapalhar relacionamentos com outras pessoas, proporcionando mal-entendidos, e também pode prejudicar as telecomunicações: internet, telefone etc. – tudo pode falhar. Sabe aquela mensagem errada enviada no WhatsApp? Não é culpa sua (nem do corretor), mas sim do Mercúrio retrógrado. Aquela gaguejada na hora de falar com o *crush*? Culpa do Mercúrio retrógrado. Falou o nome de outra pessoa durante um momento íntimo com o amor da sua vida? Culpa do Mercúrio retrógrado. Brincadeiras à parte, não existe nenhuma evidência científica que confirme que o fato de Mercúrio parecer fazer um *moonwalk* de vez em quando atrapalhe a sua vida nem de qualquer outra pessoa. Aliás, o planeta nem "anda para trás" de verdade. O que ocorre é que ele parece fazer isso por causa das posições relativas do planeta e da Terra e de como eles estão se movimentando ao redor do Sol. Na maioria das vezes, Mercúrio parece se mover de oeste para leste, mas não pense que o Mercúrio retrógrado é uma ilusão de ótica, o fenômeno resulta da combinação de dois movimentos circulares com velocidades diferentes ao redor do Sol. Se visto do Sol, ele não retrogradaria, mas visto de fora, sim. Imagine você vendo um carro completar uma volta em uma rotatória, estando na calçada fora da rotatória. Em um momento você o vê indo da esquerda para a direita, e depois o vê no outro lado da rotatória indo da direita para a esquerda. Se você estiver fazendo a rotatória mais externamente e mais lentamente, você verá a mesma coisa, mas nem sempre nos mesmos pontos. Nossa perspectiva sobre a sua órbita muda dependendo da posição dos planetas, mas a órbita de Mercúrio nunca muda de direção. Então, sabe qual é a influência de Mercúrio ou de qualquer outro planeta do Sistema Solar em você? Nenhuma.

UM ANO EM MERCÚRIO DURA 88 DIAS TERRESTRES

Segure um livro com a mão, o efeito gravitacional desse livro sobre você será maior que o de Mercúrio.

O jornal *The New York Times* fez uma análise em 2006 para explicar que, estatisticamente, as coisas não têm uma chance maior de dar errado por causa do Mercúrio retrógrado. Entre 2005 e 2006, durante 2 vezes em que Mercúrio esteve retrógrado, foram registrados 41,9 "eventos graves" por dia na cidade de Nova York, como acidentes, incêndios, defeitos de sinais de trânsito etc. Por outro lado, durante períodos em que a posição do planeta esteve "normal", a média subiu para 42,4 eventos graves por dia. Ou seja, não existe uma correlação entre acidentes e Mercúrio retrógrado. Então, por que as pessoas temem esse tipo de evento? Bom, desde o início de nossa história neste planeta, temos o costume de não assumir nossos erros e defeitos; muitas vezes, atribuímos suas causas a entidades, ou objetos celestes. É muito mais fácil falar que um desculdo nosso é culpa de Mercúrio, que está a aproximadamente 97 milhões de quilômetros da Terra, do que assumir que somos falhos, imperfeitos. Nossa dificuldade de aceitar que a casualidade pode nos vitimizar nos coloca em um cenário de incertezas difícil de digerir. É melhor acreditar que tudo tem um roteiro e que, se o "lermos" direitinho, alcançaremos sucesso na vida. Tiramos a nossa culpa até dos problemas ambientais que causamos, aceitando a ciência somente quando convém aos nossos interesses. Mas estamos à mercê do acaso e de nossas decisões ruins, está na hora de aceitar isso. Precisamos aprender a limpar a nossa própria sujeira em vez de terceirizar a culpa. Vamos deixar o coitado do Mercúrio em paz. Isso até me lembra uma famosa frase do Homer Simpson: "A culpa é minha e eu a coloco em quem eu quiser".

MERCÚRIO É MUITO PEQUENO. PARA SE TER UMA NOÇÃO DE SUAS PEQUENAS DIMENSÕES, ELE É APENAS UM POUCO MAIOR QUE A NOSSA LUA.

17
VÊNUS

SEGUINDO O NOSSO TOUR PELO SISTEMA SOLAR, CHE- gamos ao segundo planeta partindo do Sol: Vênus. Trata-se de um planeta bem interessante, podemos falar muitas coisas sobre ele, como o fato de ser o objeto mais brilhante no céu noturno depois da Lua – o que o faz ser confundido com um óvni às vezes. Ele também é conhecido como "irmão" da Terra, pois assim como as irmãs Ruth e Raquel da novela *Mulheres de areia* (olha eu entregando minha idade de novo), os dois planetas compartilham algumas semelhanças, como o tamanho e a massa. Existem apenas 638 quilômetros de diferença em diâmetro entre os dois mundos. Outra semelhança com a Terra é a sua composição: Vênus possui um núcleo metálico envolto por um manto de 3 mil quilômetros de rochas derretidas, coberto por uma crosta que é composta basicamente por basalto. Então, já que Vênus é tão parecido com a Terra, deve ter vida lá, certo? Bom, se essa pergunta estivesse no *Show do Milhão* e você respondesse "sim", acabaria de perder a maleta com 1 milhão de reais em barras de ouro que valem mais do que dinheiro. Como eu disse no capítulo sobre Mercúrio, Vênus é o planeta mais quente do Sistema Solar, a temperatura em sua superfície pode chegar a 470 °C – caso você não seja o Tocha Humana, seria bem complicado de viver lá. Antes, no entanto, acreditava-se que Vênus era um planeta temperado e convidativo à vida, mas, nos anos 1960, Carl Sagan revelou dados sobre o tema de sua tese de doutorado: o efeito estufa em Vênus. O calor do planeta é fruto do excesso de gás carbônico na atmosfera. E já naquela época Sagan trazia o alerta: o mesmo pode acontecer com a Terra caso não cuidemos dela.

NASA/JPL/USGS

Se não bastasse o planeta ser quente pra caramba, ele é repleto de vulcões. Os astrônomos identificaram 1.600 vulcões em Vênus, mas é provável que existam muitos outros, que seriam pequenos demais para serem observados. A maioria desses vulcões provavelmente está dormente, mas pesquisadores estimam que os que se encontram ativos variam entre 800 metros e 240 quilômetros de largura. Essa atividade vulcânica foi responsável pela formação de longos canais, com mais de 5 mil quilômetros de extensão, criados por verdadeiros rios de lava no planeta.

Apesar de ser extremamente hostil, já pousaram em Vênus equipamentos feitos por nós. O programa Venera – criado pelo programa espacial soviético – desenvolveu uma série de sondas espaciais que tinham como missão coletar informações sobre Vênus. O programa durou de 1961 a 1983 e nesse período foram realizadas proezas memoráveis, como pousar pela primeira vez um artefato humano em outro planeta e conseguir transmitir informações durante algum tempo. Foram as primeiras máquinas humanas a entrar na atmosfera de outro planeta. O programa foi o primeiro a fotografar e a enviar para a Terra imagens de outro planeta, e também o primeiro a realizar o mapeamento em radar da superfície de um planeta.

Mas como as sondas sobreviveram ao calor escaldante e à pressão atmosférica 90 vezes maior do que a da Terra presente na superfície de Vênus? Bom, a verdade é que elas não duraram muito tempo.

As 8 primeiras sondas foram desenvolvidas para pousar no planeta, já as 8 sondas seguintes foram desenvolvidas de forma diferente, sendo compostas por uma sonda orbital e uma sonda projetada para resistir pelo menos uns 30 minutos na superfície de Vênus, antes de se decompor devido às condições extremas.

VÊNUS É CONHECIDO COMO O "IRMÃO" DA TERRA, POIS COMPARTILHAM ALGUMAS SEMELHANÇAS, COMO O TAMANHO E A MASSA.

18
TERRA

E CHEGAMOS À NOSSA CASA. POR MAIS QUE PAREÇA que já sabemos tudo sobre a Terra, esse planeta rochoso, o terceiro a partir do Sol, é tão interessante e misterioso quanto os demais presentes no Sistema Solar. A Terra está a uma distância aproximada de 150 milhões de quilômetros do Sol – esse valor é usado como referência para medir grandes distâncias no espaço, é a "unidade astronômica". Por exemplo, Júpiter está a aproximadamente 780 milhões de quilômetros do Sol, se cada unidade astronômica equivale a 150 milhões de quilômetros, Júpiter está a 5,2 unidades astronômicas do Sol (150 × 5,2 = 780). A temperatura no núcleo da Terra é elevadíssima, chegando a 5 mil ºC; não é um ponto turístico recomendável, pois você pode sair de lá de cabeça quente (desculpem por essa, eu sempre quis ser redator de programa de humor). O nosso planeta surgiu há cerca de 4,5 bilhões de anos, sendo que os humanos só apareceram aqui muito recentemente, relativamente falando, claro.

O diâmetro da Terra é de 12.742 quilômetros, com uma superfície de 510.072.000 km². Com 73% de sua superfície coberta de água, muitos chamam a Terra de Planeta Azul.

Um fato curioso sobre a Terra é que, ao pegar uma bola de bilhar, percebemos que ela tem a superfície lisa, ok? Mas a Terra não, pois ela é cheia de montanhas, relevos etc., certo? Se você respondeu sim, teria perdido o prêmio de 1 milhão de reais novamente, pois se a Terra fosse reduzida ao tamanho de uma bola de bilhar, ou seja, com apenas 5,7 centímetros de diâmetro, as diferenças de relevo, mesmo entre o ponto mais baixos do planeta (9 a 11 quilômetros de profundidade) e o mais alto (9,8 quilômetros de altura do Monte Everest), ainda estariam dentro das aceitáveis para uma bola de bilhar. Proporcionalmente, seria o mesmo que se a diferença entre o ponto mais alto e o mais baixo da Terra fosse de apenas 0,0008 milímetros.

Cientistas da Universidade Northwestern e da Universidade do Novo México descobriram um reservatório de água perto do manto terrestre. E ele pode ter até 3 vezes mais volume que todos os oceanos do planeta juntos! A reserva foi apelidada de Ringwoodite e fica dentro de uma camada de rocha azul, a 600 quilômetros de profundidade. A descoberta foi feita com dados da USArray, uma rede de sismógrafos dos Estados Unidos que medem as vibrações de terrenos. O estudo mostrou que a água da Terra pode ter vindo do interior do planeta, então, impulsionada para a superfície pela atividade geológica, como os terremotos.

Outro fato curioso é que a rotação do planeta está se tornando gradualmente mais lenta e a estimativa é de que dentro de 140 milhões de anos os dias tenham 25 horas em vez de 24. A velocidade desse movimento é de cerca de 1.666 quilômetros por hora, ou 465 metros por segundo, que é bastante elevada, porém muito inferior à de outros astros do Universo.

Essa velocidade não é constante e, de tempo em tempo, ela sofre alguma variação. E o que pode fazer a rotação da Terra ter uma diminuição de velocidade? O principal motivo é a interação gravitacional entre a Terra e a Lua, mas podemos listar outros fatores, como correntes oceânicas, o fluxo do núcleo do planeta e até eventos climáticos como o El Niño – que também podem exercer influência na velocidade com a qual a Terra gira em torno do seu próprio eixo. Mas não se desespere: a Terra não vai parar de girar – isso seria terrível –, mas a diminuição da velocidade da rotação pode trazer algumas consequências.

NASA/NOAA/GOES Project

O DIÂMETRO DO PLANETA É DE 12.742 QUILÔMETROS, COM UMA SUPERFÍCIE DE 510.072.000 KM². COM 73% DE SUA SUPERFÍCIE COBERTA DE ÁGUA, MUITOS CHAMAM A TERRA DE "PLANETA AZUL".

Essa diminuição é mínima, algo na ordem dos milissegundos por dia, porém, mesmo sendo mínima, como a massa do planeta e a sua inércia são imensas, não é necessário que a variação seja grande para que ocorram mudanças no estresse presente nas placas tectônicas. Quando a velocidade de rotação da Terra diminui, a região do equador acaba "encolhendo" um pouquinho. Com isso, as regiões nas quais os limites das placas tectônicas se encontram acabam recebendo uma dose extra de pressão e esses locais normalmente já são submetidos a um estresse constante e marcam os pontos onde é mais provável detectar tremores de terra. Ao analisar os grandes sismos ocorridos desde o ano de 1900, se notou uma grande incidência de tremores em períodos de baixa de velocidade na rotação. Apesar de não ser possível determinar precisamente onde ocorrerão os terremotos, sabemos que eles devem acontecer em áreas próximas aos locais onde as placas se encontram. Esse tipo de pesquisa é útil para a prevenção de desastres, visto que é possível determinar quanto tempo os períodos de atividade mais intensa devem durar e, com isso, tomar as medidas necessárias para minimizar eventuais prejuízos e perda de vida.

E falando na Lua, os eclipses solares totais acontecem aqui no nosso planeta por pura coincidência: como o Sol tem um diâmetro cerca de 400 vezes maior do que o da Lua e se encontra 400 vezes mais distante da Terra do que o nosso satélite, isso faz com que os 2 astros tenham tamanhos angulares semelhantes e, portanto, pareçam ter o mesmo tamanho quando os vemos no céu. Um baita capricho cósmico, não?

A atmosfera terrestre é mais espessa nos primeiros 50 quilômetros da superfície, mas na verdade se estende cerca de 10 mil quilômetros no espaço. Ela é constituída por 5 camadas principais: a troposfera, a estratosfera, a mesosfera, a termosfera e a exosfera. Em regra geral, a pressão do ar e a densidade diminuem quanto mais alto entra na atmosfera e quanto mais distante está da superfície.

A Terra é como um grande ímã, com polos na parte superior e inferior perto dos polos geográficos atuais. O campo magnético que a Terra cria se estende a milhares de quilômetros da superfície da Terra, formando uma região chamada magnetosfera. Os cientistas acreditam que esse campo magnético é gerado pelo núcleo externo fundido da Terra, onde o calor cria movimentos de convecção de materiais condutores para gerar correntes elétricas. Temos muito a agradecer à magnetosfera, pois sem ela as partículas do vento solar atingiriam a Terra diretamente, expondo a superfície do planeta a quantidades significativas de radiação. A magnetosfera canaliza o vento solar ao redor da Terra, nos protegendo de danos. Bom, agora você sabe um pouco mais sobre o planeta que lhe serve de morada.

19 MARTE

CHEGOU A HORA DE FALAR DE MARTE, O SONHO DE consumo de Elon Musk e sua SpaceX, que disputa com a NASA e as demais agências espaciais uma corrida para ver quem é que levará o primeiro humano até lá. O Planeta Vermelho tem essa alcunha devido à cor avermelhada de sua superfície, proveniente do óxido de ferro presente em seu solo – vermelho esse que inspirou os romanos a batizarem o laneta de Marte, o deus da guerra, já que a cor do planeta lembrava sangue.

Ao contrário do que muitos pensam, Marte tem uma atmosfera – bem rarefeita, verdade, mas tem. Ela é composta de 95,32% de dióxido de carbono; 2,7% de nitrogênio; 1,6% de argônio; 0,13% de oxigênio; 0,08% de monóxido de carbono; pequenas quantidades de água; óxido de nitrogênio; néon (não, Marte são se assemelha a Las Vegas ou a uma padaria, néon também é um elemento químico); hidrogênio deutério; oxigênio; criptônio e xenônio.

É em Marte que encontramos o maior vulcão do Sistema Solar, o Monte Olimpo, que tem aproximadamente 27 quilômetros de altura e 600 quilômetros de diâmetro. Para fazer uma comparação, ele é cerca de 3 vezes mais alto que o Monte Everest. A gravidade em Marte é de cerca de 37% a gravidade que experimentamos na Terra, ou seja, em teoria, lá você pode saltar 3 vezes mais alto do que poderia na Terra. Jogos Olímpicos em Marte seriam deveras emocionantes.

Considerando que Marte e Terra circulam o Sol em órbitas elípticas, eles podem se aproximar até um mínimo de 54,6 milhões de quilômetros e se afastar até um máximo de 402

NASA

milhões de quilômetros. Apesar de às vezes o Planeta Vermelho estar relativamente perto de nós, apenas 29 das 55 missões enviadas a Marte tiveram sucesso.

Um fato interessante sobre Marte é que vestígios do planeta foram encontrados aqui na Terra – isso mesmo! Eu mesmo tive a oportunidade de tocar em um material proveniente do Planeta Vermelho. O mais conhecido desses corpos celestes vindos de Marte é o ALH 84001, que caiu na Antártida, há 13 mil anos, originário de uma colisão de um asteroide contra a superfície de Marte há 16 milhões de anos. Acredita-se que vestígios da atmosfera de Marte estavam presentes no interior de meteoritos lançados pelo planeta. Esses meteoritos teriam orbitado o Sistema Solar por milhões de anos e, depois desse "tour", acabaram parando aqui, no solo terrestre. A análise desse material nos permitiu descobrir mais sobre Marte em uma época anterior às missões espaciais.

E como seria um humano nascido no Planeta Vermelho? Bom, já adianto que uma criança nascida em Marte será mais alta que humanos nascidos na Terra, bacana, né? Porém, se essa criança quiser visitar seus avós que moram na Terra, ela não poderia fazê-lo; sim, nada de passar férias na Terra, eu já vou explicar.

Aqui na Terra somos submetidos constantemente à força da gravidade durante toda a nossa vida, porém sabemos que a força gravitacional de Marte é mais fraca que a da Terra, que tem muito mais massa que seu vizinho vermelho. O engenheiro espacial Robert Zubrin, um defensor da terraformação de Marte, teorizou que pessoas nascidas em Marte, um planeta que tem um terço da gravidade da Terra, teriam seu crescimento afetado, o que lhes daria alguns centímetros a mais do que elas teriam aqui no planeta natal de seus antepassados. Porém, ele garante que os genes

UM ANO EM MARTE DURA

687

DIAS TERRESTRES

herdados de seus genitores não iriam mudar, mas eles teriam uma coluna vertebral mais alongada do que ela teria aqui na Terra em razão da menor atração gravitacional a que o corpo seria submetido.

E um problema surgiria se esses humanos nascidos em Marte resolvessem visitar a Terra: eles teriam que lidar com uma gravidade 3 vezes maior que a do seu planeta natal e isso iria trazer alguns problemas sérios aos ossos. O cientista Al Globus, que trabalha na NASA, diz que, por exemplo, uma pessoa de uns 72 quilos residente em Marte, se por algum motivo resolvesse se mudar para a Terra, que tem gravidade 3 vezes maior, ela passaria a pesar 226 quilos! Com certeza ela teria dificuldade para fazer coisas simples, como se levantar da cama.

Alguns cientistas estão trabalhando para tornar possível a gravidade artificial para deixar longas viagens pelo espaço mais agradáveis para o corpo dos astronautas. Segundo a Agência Espacial Americana, grande parte dos astronautas apresenta um crescimento de cerca de 5 centímetros durante o período em que estão no espaço, já que a gravidade reduzida faz o fluido entre as vértebras se expandir. Porém, ao voltar para a Terra, eles voltam ao normal. Então, é por isso que eu disse que uma criança nascida em Marte não poderia vir visitar os avós na Terra. Vivendo em Marte ela não teria problemas nos músculos e ossos, mas isso mudaria em um lugar com uma força gravitacional 3 vezes maior.

Como você pode deduzir lendo estas linhas, Marte é um planeta que mexe com o imaginário da humanidade desde que se começou a estudar o céu, e por muitos anos se acreditou que ele era a morada de homenzinhos verdes. Sobre isso, imaginem uma terra infértil, onde nada que se planta nasce, um grande deserto sem nenhum atrativo à vida – essa é a descrição do ambiente encontrado na superfície marciana. Um estudo feito em 2017 na Escola de

Física e Astronomia da Universidade de Edimburgo mostrou que os minerais de sal encontrados em Marte – os percloratos – matam bactérias básicas para a vida, o que implica que o Planeta Vermelho é mais inabitável do que se pensava anteriormente.

Em testes de laboratórios aqui na Terra, os compostos conhecidos como percloratos mataram culturas da bactéria *Bacillus subtilis*, uma forma de vida básica. Os percloratos, estáveis à temperatura ambiente, se tornam ativos a altas temperaturas e Marte é muito frio. Então os cientistas mostraram que o composto também pode ser ativado por luz UV, sem calor, em condições que imitam aqueles encontrados na superfície marciana, mas as bactérias morreram em poucas horas. Esse resultado nos diz que, se desejamos encontrar vida em Marte, temos que levar isso em consideração e tentar encontrar um tipo de vida abaixo da superfície marciana, que não seria exposta a tais condições. Existem percloratos naturais e feitos pelo homem na Terra, mas eles são mais abundantes em Marte, onde foram detectados pela sonda Phoenix, da NASA, em 2008. O fato dos percloratos matarem a bactéria *Bacillus subtilis* na presença de radiação UV não significava necessariamente que todas as outras formas de vida também morreriam. Mais testes teriam que ser feitos para confirmar isso. Uma descoberta como essa – sobre um planeta tão parecido e, ao mesmo tempo, tão diferente do nosso – ressalta o fato de que ainda não encontramos nenhum lugar fora da Terra que tenha o equilíbrio necessário para que a vida como a conhecemos aconteça. Seria ótimo que todos tivessem acesso a esse tipo de informação e se tornassem conscientes da importância de preservar o equilíbrio que temos aqui; porém, tropeçamos na grande barreira da arrogância, que nos dá uma falsa ilusão de que nossos recursos são ilimitados e feitos sob medida para as necessidades humanas. Vejo muitos afirmando que as ações huma-

MARTE É UM
PLANETA QUE MEXE
COM O IMAGINÁRIO
DA HUMANIDADE
DESDE QUE SE
COMEÇOU A
ESTUDAR O CÉU.

nas não são capazes de atrapalhar o equilíbrio da Terra. O câncer é crescimento desordenado de células que invadem os tecidos e órgãos, podendo espalhar-se para outras regiões do corpo. A célula é a menor unidade dos seres vivos e mesmo assim uma anormalidade em seu crescimento pode matar o indivíduo. Se você acha que os humanos são pequenos demais para causar um desequilíbrio no planeta, é bom rever suas convicções.

20 SATURNO

SIM, EU SEI, NA ORDEM DOS PLANETAS EM RELAÇÃO AO Sol, quem deveria estar aqui é Júpiter, mas o grandalhão furou a fila e apareceu lá atrás quando eu falava das estrelas. Então, vamos pulá-lo e ir direto ao senhor dos anéis do Sistema Solar: Saturno. Esse gigante de gás só perde para Júpiter em tamanho. Ele é tão grande que seria possível comportar 760 Terras dentro dele.

As semelhanças entre esse planeta e Júpiter vão além do tamanho, Saturno é composto principalmente por hidrogênio e hélio e provavelmente tem um núcleo rochoso. Ele é o segundo planeta que gira mais depressa em todo o Sistema Solar, perdendo apenas para Júpiter e é isso que o torna bem achatado nos polos, fazendo com que seu equador seja bem largo. Além disso, existe um mistério guardado por esse exótico planeta: ele possui um hexágono gigantesco presente em seu polo norte, descoberto em 1981, durante a missão Voyager e ainda não sabemos direito o motivo de sua existência. Essa anomalia tem 25 mil quilômetros de diâmetro, um tamanho suficiente para caber quase 4 Terras dentro dela. Sim, somos muito pequenos mesmo.

NASA/JPL

Seus anéis são formados principalmente por uma mistura de gelo, poeira e material rochoso. Uma teoria recente que tenta explicar a origem deles diz que são restos de uma lua que foi destituída de sua camada externa de gelo antes de seu centro rochoso mergulhar no planeta.

Saturno possui 62 luas, sendo que a maior delas é a Titã, que é um pouco maior que o planeta Mercúrio e é a segunda maior lua do Sistema Solar, ficando atrás apenas de Ganímedes, uma lua de Júpiter. Titã possui uma densa atmosfera rica em nitrogênio parecida com o que os cientistas acreditam que a Terra possuía em seus primórdios.

O planeta se encontra a aproximadamente 1.426,6 bilhões de quilômetros do Sol (lembre-se, a Terra está a cerca de 149,6 milhões de quilômetros do Sol). Um fato curioso é que seu nome originou a palavra *saturday*, que significa sábado, em inglês.

Em 1997, após anos de planejamento, o foguete Titan IV riscavas os céus levando a Cassini para uma viagem que duraria 7 anos até o planeta – muito do que você leu aqui é fruto dos dados coletados por essa sonda. Foram 2,5 milhões de comandos executados, 7,9 bilhões de quilômetros viajados, 6 luas descobertas, 162 sobrevoos das luas de Saturno, 294 órbitas completas, 635 GB de dados coletados, 3.948 estudos publicados e mais de 450 mil fotos tiradas – fotos essas que libertaram a nossa imaginação da repetição diária a que somos submetidos. Cores, formas, possibilidades... a Cassini proporcionou uma nova visão dessa região do Sistema Solar nesses 13 anos orbitando Saturno. E junto com a Cassini, tinha a Huygens, uma outra sonda acoplada, que se desprendeu de sua companheira e desceu rumo a Titã, enviando para a Terra dados e fotos durante os 90 minutos de sua breve missão de exploração. Huygens nos revelou um ambiente rochoso, composto por uma neblina de metano. E também foi possível olhar mais de perto a lua Mimas, apelidada de Estrela da Morte por sua semelhança com a arma mais poderosa de Darth Vader. Descobrimos os mares de metano líquido em Titã, ficamos sabendo do vasto oceano de água salgada sobre a superfície glacial de Encélado.

As guerras, a falta de empatia, as crises e a intolerância nos dão a impressão de que a raça humana falhou, nos imergindo na escuridão do que há de pior em nossa alma, mas

UM ANO EM SATURNO DURA

29,5

ANOS TERRESTRES

SATURNO: ESSE GIGANTE DE GÁS SÓ PERDE PARA JÚPITER EM TAMANHO.

deparar com o fim de uma missão tão grandiosa como a Cassini foi a chama de esperança iluminando nossa trajetória como espécie. Ela é o outro lado de uma raça que, quando quer, também produz o belo, também inspira e deixa cair em si o peso de ser os olhos do Universo sobre si mesmo.

A Cassini mergulhou na atmosfera de Saturno no dia 15 de setembro de 2017, sendo vaporizada pela atmosfera do planeta. Ao receber um pedaço da Terra em sua atmosfera, Saturno fez um pacto de sangue conosco e a nossa ligação jamais será a mesma depois disso.

21
URANO

CHEGAMOS AO SÉTIMO PLANETA A PARTIR DO SOL NO
Sistema Solar: Urano. Seu nome, diferentemente dos demais, não se originou na mitologia romana, mas sim na grega: Ouranos era o pai de Cronos e o avô de Zeus. O planeta está muito longe, a cerca de 2.870.972.200 quilômetros do Sol, e essa esfera azulada é basicamente uma bola gigantesca de líquido e gás, pois 80% de sua massa é composta por uma mistura fluida de gelos de metano, água e amônia; também podemos encontrar hidrogênio e hélio em sua atmosfera.

Assim como Júpiter e Saturno, acredita-se que exista um núcleo rochoso com um tamanho próximo ao da Terra e um fato bem curioso sobre Urano é que ele é um tanto "tombado" em seu plano orbital, pois seu eixo de rotação é inclinado para o lado, fazendo com que seus polos fiquem localizados onde normalmente encontramos o equador nos demais planetas – é um planeta que não se rende a modismos, um "diferentão".

NASA/JPL

Segundo pesquisadores do Laboratório de Propulsão a Jato da NASA, o planeta não é muito convidativo para os amantes dos bons odores, já que ele tem cheiro de pum e xixi – é praticamente um banheiro público.

Assim como Saturno, Urano também possui um conjunto de anéis. Os anéis de Urano foram os primeiros a serem descobertos após os de Saturno. Eles foram uma descoberta significativa, pois ajudou os astrônomos a entender que os anéis são uma característica bem comum em planetas e não uma exclusividade de Saturno.

O sistema interno de anéis consiste principalmente em anéis estreitos escuros, enquanto um sistema externo de 2 anéis mais distantes, descobertos pelo telescópio espacial Hubble, possui cores mais vivas – um vermelho e um azul. Os cientistas já identificaram 13 anéis conhecidos em torno de Urano.

Um estudo de 2016 sugeriu que os anéis de Urano, Saturno e Netuno podem ser os restos de planetas anões, como Plutão, que acabaram chegando muito perto desses planetas gigantes.

Urano orbita o Sol "de ladinho", com o eixo de seu giro apontado quase que diretamente para a estrela. Essa estranha configuração faz com que o planeta apresente estações do ano bem extremas e com duração de cerca de 20 anos cada uma. Já imaginou ficar 20 anos no inverno? Haja casaco e chocolate quente! Além disso, cada ano em Urano corresponde a 84 anos terrestres, o que significa que o planeta leva mais de 30 mil dias terrestres para completar uma volta em torno do Sol.

SEGUNDO
PESQUISADORES
DO LABORATÓRIO
DE PROPULSÃO
A JATO DA NASA,
O PLANETA NÃO É
MUITO CONVIDATIVO
PARA OS AMANTES
DOS BONS ODORES,
JÁ QUE ELE
TEM CHEIRO DE
PUM E XIXI.

22
NETUNO

ENFIM, CHEGAMOS À ÚLTIMA PARADA NO NOSSO TOUR pelos planetas do Sistema Solar: Netuno. Seu nome vem da mitologia romana, na qual Netuno é o deus do oceano e dos mares, superinspirado no deus grego Poseidon (assim como a Gata Negra é inspirada na Mulher Gato... não é de hoje que ideias são reaproveitadas, não é mesmo?).

Netuno é enorme, possui 17 vezes a massa da Terra e 58 vezes o seu volume. Também é um planeta gasoso, porém é mais semelhante a Urano do que Júpiter e Saturno, pois os 2 últimos são constituídos principalmente por hidrogênio e hélio, enquanto Urano e Netuno, além de terem hidrogênio e hélio em sua densa atmosfera, possuem uma porcentagem mais alta de camadas de água, amônia e metano, elementos que acabam contribuindo para a cor azulada que tinge os 2 planetas.

Uma característica marcante em Netuno são seus ventos fortes, que chegam a grandes velocidades. Para se ter uma ideia, os ventos nesse gigante gasoso podem chegar a 2.400 quilômetros por hora; para fazer uma comparação, o furacão Katrina, que passou pelos Estados Unidos no ano de 2005, teve ventos que chegaram a 280 quilômetros por hora.

Existe uma história que já foi tratada como lenda urbana, que falava que chovia diamantes em Urano e Netuno. A chuva dos sonhos de qualquer um com vocação para tio Patinhas parece ser uma notícia fantasiosa para alguns e uma hipótese para os cientistas. Mas parece que agora temos uma comprovação de que as profundezas desses planetas oferecem um ambiente perfeito para a formação de diamantes.

Cientistas do Centro de Aceleração Linear de Stanford reproduziram o ambiente semelhante ao das profundezas das atmosferas de ambos os planetas em um laboratório com uma das fontes de raio X mais brilhantes do planeta. Ela foi usada para simular a enorme pressão interior desses gigantes gasosos e com isso eles conseguiram provar que sim, é possível formar diamantes nesses planetas. A formação do fenômeno em planetas gelados foi simulada na Califórnia e mostrou que os diamantes são formados pela fissão de hidrocarbonetos. Fazendo uso de um equipamento chamado Matéria em Extrema Condição, foi possível eletrificar uma fina folha de isopor com um laser, gerando uma pressão de 150 gigapascals. O laser aqueceu o material a cerca de 6 mil Kelvin, que é a temperatura da superfície do Sol, porém não foi o suficiente para derreter diamantes. Como aquele prático isopor do seu dia a dia é um polímero hidrocarboneto, ele se quebra em átomos de hidrogênio e carbono, que em seguida são comprimidos e isso gera nanodiamantes por um breve momento.

Antes desse experimento, os pesquisadores não tinham como provar que as pedras poderiam ser formadas. A descoberta é a primeira, dentre inúmeras outras tentativas, que conseguiu avaliar as reações químicas.

Com isso, os cientistas agora conseguem reproduzir um ambiente semelhante ao encontrado a cerca de 10 mil quilômetros no interior de Netuno e Urano. Pesquisas futuras poderão nos mostrar se existem opções mais estáveis além da precipitação de diamantes, se a temperatura for alta o bastante próxima do núcleo, como previsto por alguns cálculos. Isso pode significar que há oceanos de carbono líquido com gigantescos icebergs de diamantes flutuando sobre ele. Entretanto, a maioria das teorias sugere que diamantes permaneceriam sólidos, pelo menos dentro de Netuno e Urano, mas que situações adversas podem existir em exoplanetas.

UM ANO EM NETUNO DURA

164

ANOS TERRESTRES

UMA CARACTERÍSTICA MARCANTE DE NETUNO SÃO SEUS VENTOS FORTES, QUE PODEM CHEGAR A 2.400 QUILÔMETROS POR HORA.

Sempre tem alguém que questiona a utilidade de experimentos como esse. Entre tantas, posso destacar que esse é um grande avanço para compreender regiões distantes do nosso Sistema Solar e a descoberta ainda pode ser usada para fins de pesquisa em áreas como medicina, produção de equipamentos científicos e eletrônicos, e também comerciais, com sua aplicação na fabricação de joias, por exemplo.

Netuno possui 14 satélites naturais conhecidos, que receberam nomes que homenageiam deuses (menos importantes que Netuno, coitados!) do mar e também ninfas da mitologia grega. O maior de todos recebe o nome de Tritão e foi descoberto no dia 10 de outubro de 1846. Tritão é um satélite do contra, já que orbita Netuno na direção oposta se comparado às outras luas. Acredita-se que ele pode ter sido capturado pela força gravitacional de Netuno em um passado longínquo.

Essa lua é muito fria, sendo que as temperaturas e sua superfície chegam a cerca de $-235\ °C$. Das 14 luas que compõem o sistema de satélites de Netuno, Tritão é a única lua esférica, pois as demais possuem uma forma mais irregular.

23
PLUTÃO

SIM, EU SEI, PLUTÃO NÃO É MAIS PLANETA, APESAR DE isso ser contestado por caras como Alan Stern, principal investigador da missão New Horizons, e David Grinspoon, astrobiólogo, que alegam que Plutão foi rebaixado usando critérios falhos. Eles propõem um modelo no qual qualquer objeto esférico menor que uma estrela seja considerado planeta. Imagina só a bagunça! Nessa definição, até a Lua passaria a ser um planeta! Em 2006, Plutão foi rebaixado pela União Astronômica Internacional para a categoria planeta anão, mas durante a maior parte dos meus 38 anos, Plutão era o nono planeta do Sistema Solar. Então, pelo valor sentimental por parte deste que te escreve, farei uma menção honrosa a esse pequeno pedaço de rocha subestimado.

Plutão faz parte do cinturão de Kuiper, uma área no Sistema Solar que está localizado além da órbita de Netuno. Esse cinturão abriga milhares de outros corpos celestes. Pode-se dizer que o ex-planeta faz parte de um sistema binário, já que Caronte, uma de suas luas, tem 1.184 quilômetros de diâmetro, mais da metade de Plutão, que tem 2.336 quilômetros. Isso faz de Caronte a maior lua do Sistema Solar em termos comparativos. A nossa Lua tem 3.474 quilômetros – é, Plutão é bem pequeno mesmo.

Plutão está tão longe que se a Terra estivesse a 1 metro do Sol – em uma escala diminuta, obviamente –, ele estaria a mais ou menos 40 metros da estrela. A luz do Sol demora cerca de 8 minutos para chegar até a Terra e 5 horas para chegar a Plutão.

O planeta foi descoberto em 18 de fevereiro de 1930 por Clyde Tombaugh, e desde sua descoberta não se passou um ano por lá, já que um ano em Plutão dura 248 anos terrestres.

Dentro da categoria planetas anões, juntam-se a Plutão: Ceres, Haumea, Makemake e Éris. E conforme nossos instrumentos ficam mais precisos, vamos conseguindo detectar outros planetas anões que estão além de Plutão. Astrônomos da Universidade de Michigan, nos Estados Unidos, encontraram um corpo planetário na borda do nosso Sistema Solar e batizaram-no de DeeDee, mas não é uma homenagem ao integrante da banda punk rock Ramones, o nome vem da abreviação de *distant dwarf*, ou anão distante, no bom e velho português.

DeeDee foi observado pela primeira vez em 2016, mas não se sabia muito sobre sua estrutura física. Contudo, agora, com os dados recentes obtidos pelo telescópio ALMA, podemos saber um pouco mais sobre esse vizinho distante, e bota distante nisso, pois ele está a 92 unidades astronômicas do Sol, que é algo em torno de 137 bilhões de quilômetros – é, não dá para ir até lá de bicicleta. As novas observações nos mostraram que DeeDee tem cerca de dois terços do tamanho do planeta anão Ceres, o maior membro do cinturão de asteroides que fica entre Marte e Júpiter. E ele teria massa suficiente para ser esférico. Ou seja, DeeDee cumpre os critérios necessários para ser denominado um planeta anão, embora os pesquisadores ainda demonstrem cautela para oficializar isso. DeeDee foi observado pela primeira vez pelo telescópio Blanco no Observatório Interamericano de Cerro Tololo, no Chile. Essa descoberta fez parte do projeto que estuda energia escura Dark Energy Survey, que gerou algo em torno de 15 mil imagens e identificou mais de 1,1 bilhões de objetos celestes, sendo em sua maioria galáxias e estrelas distantes. Somente uma pequena porcentagem desses objetos acabaram sendo algo relevante dentro do Sistema Solar.

Antes dos dados obtidos pelo ALMA, que é um conjunto de antenas de rádio que podem fornecer dados mais precisos do espaço distante, os astrônomos não sabiam dizer se DeeDee era pequeno, mas altamente reflexivo, ou grande, mas extremamente escuro. Mas agora sabemos que o objeto é extremamente frio,

UM ANO EM PLUTÃO DURA

248

ANOS TERRESTRES

PLUTÃO FAZ PARTE DO CINTURÃO DE KUIPER, UMA ÁREA NO SISTEMA SOLAR QUE ESTÁ LOCALIZADO ALÉM DA ÓRBITA DE NETUNO.

com temperaturas apenas um pouco acima do zero absoluto, e que ele é grande, porém tão escuro que só consegue refletir 13% da luz solar que o atinge. O provável planeta anão está tão longe que sua órbita é enorme; só para vocês terem uma ideia, ele demora 1.100 anos para completar uma volta em torno do Sol. Objetos como DeeDee são muito importantes, pois são resquícios da criação do Sistema Solar. Agora, os cientistas esperam obter mais informações sobre como e quando esses objetos se formaram, e com isso entender como os demais planetas, incluindo a Terra, se desenvolveram nesse sistema planetário. As tecnologias usadas para estudar DeeDee talvez possam ser utilizadas também para encontrar o hipotético Planeta 9, do qual falarei a seguir.

24 PLANETA 9

VAMOS FALAR DO PLANETA QUE PROMETE roubar o lugar que já foi de Plutão, e que por falta de um nome melhor, o chamamos de Planeta 9.

Os astrônomos têm quase certeza de que ele existe. Esse planeta seria 10 vezes maior que a Terra e sua órbita teria uma trajetória elíptica em torno do Sol, com um período orbital de 10 mil a 20 mil anos. Esse planeta hipotético estaria bem longe, a cerca de mil unidades astronômicas do Sol (sendo cada unidade astronômica equivalente a 150 milhões de quilômetros), essa distância é tão grande que alguns cientistas sugerem que ele seja um "planeta interestelar" – uma massa planetária que vagava pelo espaço sem ter nenhuma ligação com uma estrela –, e o Sol teria agarrado gravitacionalmente o planeta. Especula-se que o Planeta 9 seja um gigante gelado, com composição similar à de Urano e Netuno, uma mistura de rocha e gelo cobertos por uma camada de gás (essa definição me fez lembrar de comerciais antigos de chocolate, troque o gelo e a rocha por biscoito wafer com recheio de chocolate, e a camada de gás por cobertura, também de chocolate, um momento de devaneio alimentício totalmente Homer Simpson).

Caltech/R. Hurt (IPAC)

Mas, como eu disse, ele é hipotético – ainda não foi localizado –, e teorias sobre sua existência se baseiam nos efeitos gravitacionais que ele causa em outros objetos.

Poderíamos falar mais sobre o Sistema Solar, como, por exemplo, sobre Ganímedes, lua de Júpiter, que é maior que o planeta Mercúrio em tamanho (mas não em massa). Se ele é maior que um planeta do Sistema Solar, por que não o consideramos um planeta também? Isso não ocorre por dois detalhes: o primeiro é o objeto no qual ele orbita, Júpiter. Se em vez de orbitar Júpiter,

Ganimedes orbitasse o Sol, e fosse o astro folgadamente predominante em sua órbita (o que não é o caso), ele poderia ser reclassificado como planeta. Júpiter é quase como um mini Sistema Solar dentro do Sistema Solar, e isso é muito legal!

Diferentemente do que encontramos nos livros da escola, onde vemos todos os planetas do Sistema Solar perto uns dos outros, existe muito espaço entre eles.

Uma ótima maneira de visualizar como os objetos do Sistema Solar estão distantes uns dos outros é dando um pulinho lá na Suécia (é, sei que para chegar na Suécia não basta atravessar a rua, mas anote aí a sugestão). É lá onde está localizado o maior modelo do Sistema Solar do mundo. O Sol se encontra em Estocolmo, representado pelo edifício Ericsson Globe, também conhecido como Stockholm Globe Arena. Ele é um modelo em escala 1:20.000.000 da esfera solar, tendo um diâmetro de 110 metros. Nessa escala, Mercúrio fica localizado a 3 quilômetros do Ericsson Globe, sendo representado por uma bola de 25 centímetros. A 5,5 quilômetros do edifício temos Vênus, uma esfera de 62 centímetros localizada no Instituto Real de Tecnologia.

A boa e velha Terra é representada por uma esfera de 65 centímetros a 7,5 quilômetros do prédio que representa o Sol.

O Planeta Vermelho seria encontrado no subúrbio de Estocolmo, em um shopping, enquanto Júpiter se encontra a 40 quilômetros do Ericsson Globe, no Aeroporto de Arlanda. Ele está representado por uma construção de quase 7,5 metros (lembre-se: a Terra nessa escala tem 65 centímetros), todo feito com flores. Saturno, uma esfera de 6 metros de diâmetro, fica em Upsália.

Netuno, o último planeta do Sistema Solar, encontra-se localizado em Söderhamn, no golfo de Bótnia, a 229 quilômetros ao norte do centro desse Sistema Solar.

Então, muitas vezes somos levados a entender de maneira equivocada, ou pelos livros, ou mesmo pela cultura pop, as reais distâncias que separam os astros do Sistema Solar. Até mesmo o cinturão de asteroides existente entre Marte e Júpiter tem grandes espaços separando os objetos, não sendo nada parecido com o que vemos, por exemplo, em *Star Wars: O império contra-ataca* (meu preferido da série aliás). Em uma cena, a Millennium Falcon sofre para se desviar de vários asteroides amontoados. Na realidade, esses cinturões possuem grandes espaços entre os objetos. Só veríamos uma quantidade de objetos de forma semelhante à apresentada no filme em um anel planetário, como o de Saturno. O Universo é feito de vários espaços vazios.

25
COMETAS

ANTES DE NOS DESPEDIR DO SISTEMA

Solar, eu não poderia deixar de falar sobre cometas e asteroides. E a primeira coisa que falarei é que eles não são a mesma coisa.

NASA/MSFC/MEO/Cameron McCarty

Antigamente os cometas despertavam medo nas pessoas, que os consideravam até um mau presságio. Hoje sabemos que eles são uma grande bola de gelo originada da junção de vários gases que ficam vagando pelo espaço. Essas "pedras de gelo sujo" são formadas por um material volátil, que passa do estado sólido direto para o gasoso, e a "sujeira" é formada por poeira e pedras dos mais variados tamanhos.

Um cometa é constituído por:

CABELEIRA OU COMA: apesar do nome, você não vai encontrar um vasto topete em um cometa. Cabeleira ou coma é referente a uma nebulosidade em torno do núcleo do cometa, como se fosse sua atmosfera. É dela que se origina a cauda do cometa, constituída de gases simples a base de hidrogênio e oxigênio.

CAUDA: ela se forma pela ação dos ventos na cabeleira. Quanto mais próximo do Sol estiver o cometa, maior será a ação dos ventos solares, o que faz a cauda do cometa aumentar.

NÚCLEO: ele pode se estender por alguns quilômetros de diâmetro e é responsável por todos os fenômenos que faz o cometa ser o que é. À medida que se aproxima do Sol, ele vai perdendo matéria, que se converte na cabeleira, que, por fim, cria a cauda.

Estima-se que a vida de um cometa é de cerca de 10 milhões de anos. Antes de o Sol atrair os cometas gravitacionalmente, eles são apenas núcleos congelados de comportamento errante pelo cosmos. Estudando suas órbitas podemos detalhar sua periodicidade.

Existem vários cometas catalogados por agências espaciais como a NASA; o mais famoso de todos é o cometa Halley. Ele foi descoberto em 1705, mas os astrônomos acreditam que ele visitava a Terra desde muito antes. Descoberto por Edmond Halley, sua periodicidade é a cada 75 anos. A última aparição do cometa Halley aconteceu em 1986 e a sua próxima visita está prevista para julho de 2061.

HOJE SABEMOS QUE ELES SÃO UMA GRANDE BOLA DE GELO ORIGINADA DA JUNÇÃO DE VÁRIOS GASES QUE FICAM VAGANDO PELO ESPAÇO.

26
ASTEROIDES

TAÍ UM OBJETO QUE TIRA O SONO DE MUITAS PESSOAS

e que se vê regularmente em manchetes apocalípticas (e sensacionalistas): os asteroides.

Asteroides são corpos rochosos de estrutura metálica e formato irregular que orbitam em torno do Sol da mesma maneira que os planetas fazem, mas que possuem uma massa muito pequena em comparação a eles. Seu diâmetro pode alcançar centenas de quilômetros, mas também pode ser de alguns poucos metros.

NASA/JPL-Caltech/ UCAL/MPS/DLR/IDA

Existem algumas teorias sobre a origem dos asteroides: uma delas, por exemplo, diz que eles são restos da formação do Sistema Solar que não se fundiram para formar um planeta. Outra diz que eles se formaram a partir de restos e detritos de planetas ou partes deles, resultantes da colisão entre corpos celestes. Acredita-se que o choque de um grande asteroide, com cerca de 15 quilômetros de diâmetro, com a Terra foi o responsável pela extinção dos dinossauros há 66 milhões de anos. O asteroide deixou para trás uma grande cratera, apelidada de Chicxulub, na península de Yucatán, no México.

Uma coisa que deixa as pessoas com medo é que, assim como um asteroide dizimou os dinossauros da face da Terra, o mesmo pode acontecer conosco, só não sabemos quando. Existe um asteroide com o tamanho equivalente ao de 2 campos de futebol que está tirando o sono de muitas pessoas – seu nome é Apophis. Com cerca de 250 metros de diâmetro e 45 milhões de toneladas, ele destruiria facilmente uma cidade caso caísse aqui na Terra. Seu poder de destruição seria muitas vezes maior do que o de uma bomba atômica. No entanto, os cientistas acreditam que a possibilidade de ele atingir a Terra é quase nula, mas existem algumas pessoas que apostam que, sim, ele nos atingirá em 2036. Nesse ano estarei com 57 anos, espero poder sobreviver a mais esse Apocalipse.

A Terra é bombardeada o tempo todo por corpos que chamamos de meteoroides, mas, por serem de dimensões muito pequenas, acabam não provocando nenhuma alteração no planeta.

Em 15 de fevereiro de 2013, um asteroide de aproximadamente 17 metros de diâmetro e pesando 10 mil toneladas adentrou a atmosfera terrestre sobre a Rússia. Ele se converteu em uma esfera incandescente que cruzou os céus do sul de Urais, explodindo sobre a cidade de Cheliabinsk.

Cerca de 1.200 pessoas procuraram atendimento médico em consequência do evento, a maioria se machucou por conta dos estilhaços de vidro de janelas destruídas pela onda de impacto da explosão da "bola de fogo".

Asteroides podem se transformar em satélites naturais. Estima-se que muitas das luas presentes no Sistema Solar surgiram dessa maneira. Um exemplo bastante conhecido é o caso de Fobos, lua que orbita o planeta Marte. Aliás, os próprios asteroides podem ter luas. Alguns são tão grandes que acabam possuindo um campo gravitacional forte o suficiente para atrair outro corpo celeste, como é o caso do asteroide Ida, que possui a sua própria lua – chamada de Dáctilo.

O triste fim dos dinossauros. Será esse o nosso destino?

NASA/JPL-Caltech

ACREDITA-SE QUE O CHOQUE DE UM GRANDE ASTEROIDE, COM CERCA DE 15 QUILÔMETROS DE DIÂMETRO, COM A TERRA FOI O RESPONSÁVEL PELA EXTINÇÃO DOS DINOSSAUROS HÁ 66 MILHÕES DE ANOS.

27 METEOROS

METEOROS OU ESTRELAS CADENTES SÃO FENÔMENOS

luminosos que ocorrem na atmosfera terrestre. São causados pelo atrito de um corpo sólido oriundo do espaço com os gases da atmosfera terrestre. Em geral, os corpos que dão origem a esses fenômenos são muito pequenos, minúsculos. Corpos maiores, mas não tão grandes quanto um asteroide, provocam fenômenos mais luminosos ainda, que podem ser vistos mesmo durante o dia. Esse fenômeno, uma superestrela cadente, recebe o nome popular de "bola de fogo".

Esses corpúsculos que dão origem aos meteoros normalmente são restos de interações de um cometa com a Terra e o Sol e que se espalham pelo espaço inclusive em porções da órbita da Terra.

Em certas épocas do ano há maior incidência de meteoros. Chamamos esses fenômenos de chuva de meteoros ou de estrelas cadentes e eles recebem o nome da constelação da qual parecem se originar; um exemplo é a chuva de meteoros Orionídeas, que parece vir da direção da constelação de Órion. Quando os meteoros não estão associados a nenhuma chuva são chamados de meteoros esporádicos.

28
OUMUAMUA

European Southern Observatory (ESO)/ M. Kornmesser/NASA

AGORA VOU FALAR DE UM OBJETO que não é bem do Sistema Solar, mas sim um visitante interestelar: Oumuamua (também conhecido como A/2017 U1). Um objeto como esse vindo de fora do Sistema Solar é algo que nunca havia sido registrado antes. Inicialmente, os astrônomos pensaram que o Oumuamua era um cometa, porém suas características não eram de um cometa. Quando os investigadores eliminaram todas as chances de o visitante ser um cometa, tiveram que catalogá-lo como asteroide. Foi a primeira vez que um cometa virou asteroide.

Além disso, ainda temos mais coisas interessantes sobre esse nosso visitante. Cálculos iniciais sobre sua trajetória apontam que ele é originário da região onde se encontra a estrela Vega, uma estrela que compõe a constelação de Lyra. Mesmo viajando a uma velocidade muito alta, ele teria que levar 300 mil anos para passar pela Terra. Porém, surgiu um pequeno impasse. Há 300 mil anos, Vega não estava no mesmo lugar que deveria estar para ter enviado o seu asteroide errante. Os astrônomos ficaram propensos a acreditar que a rocha está passeando há centenas de anos pelo espaço sem ter ligação com qualquer sistema estelar – um andarilho espacial!

Segundo o astrofísico Thomas Zurbuchen, da NASA, "durante décadas, teorizamos que tais objetos interestelares estão lá fora, e agora, pela primeira vez, temos provas diretas que eles existem. Essa descoberta está abrindo uma nova janela para estudar a formação de sistemas estelares além do nosso".

Assim que foi descoberto, o Oumuamua foi alvo de vários telescópios potentes.

Ao combinar suas imagens, os astrônomos identificaram uma variação de seu brilho em um fator de 10 a cada 7,3 horas, em combinação com sua rotação em torno de si mesmo – o que é bem interessante, já que nenhum asteroide no Sistema Solar varia tanto o seu brilho.

Segundo Karen Meech, do Instituto de Astronomia do Havaí, "essa variação excepcionalmente grande no brilho significa que o objeto é altamente alongado e largo, com uma forma complexa e enrolada. Também foi descoberto que ele tem uma cor avermelhada. Semelhante a objetos do Sistema Solar externo, ele é totalmente inerte, sem a menor quantidade de poeira ao seu redor".

Em posse desses dados foi possível aos cientistas determinar a composição do Oumuamua, que é feito de um material denso como rocha, possivelmente metal. Não foram detectadas assinaturas de água ou de gelo, e a sua cor vermelha muito provavelmente é fruto de centenas de milhares de anos viajando pela Via Láctea.

Em razão de seu formato inusitado, muitos especularam que o Oumuamua poderia ser um objeto construído por uma inteligência extraterrestre. Um projeto chamado Breakthrough Listen – que busca por vida no Universo – passou duas horas com os sensores do maior radiotelescópio do mundo, o Robert C. Byrd Green Bank, voltados para o Oumuamua, em uma tentativa de tentar captar algum tipo de sinal proveniente dele. O equipamento é capaz de captar bilhões de canais, entre eles os espectros de rádio que variam de 1 a 12 GHz. Noventa terabytes de dados foram coletados durante as observações. Eles foram analisados por um

> **EM RAZÃO DE SEU FORMATO INUSITADO, MUITOS ESPECULAM QUE O OUMUAMUA PODERIA SER UM OBJETO CONSTRUÍDO POR UMA INTELIGÊNCIA EXTRATERRESTRE.**

computador que "limpou" alguns dados referentes à movimentação do Oumuamua, além de outros sinais provenientes da Terra.

E para a tristeza dos que acreditavam que o Oumuamua era uma nave espacial alienígena, nenhum sinal vindo da rocha espacial foi captado.

O visitante interestelar teve a sua maior aproximação do Sol no dia 9 de setembro de 2017 a uma velocidade de 315 mil quilômetros por hora e seguiu seu caminho para fora do Sistema Solar, passando por Júpiter em maio de 2018, e chegando próximo de Saturno em janeiro de 2019. Iremos acompanhá-lo até onde os nossos instrumentos permitirem e depois disso será um objeto do qual nunca mais teremos notícias.

Mas vamos um pouco mais além: será que tudo o que vemos aqui no Sistema Solar existe em outros lugares do Universo? Será que existem outros planetas orbitando as estrelas que vemos no céu? Para responder a isso, convido você a uma viagem até o Universo interestelar, além dos limites do Sistema Solar.

29
EXOPLANETAS

VOCÊ JÁ APRENDEU QUE O SOL É UMA ESTRELA IGUAL às demais que vemos no céu, e, assim como ele, outras estrelas podem ter planetas orbitando ao seu redor. Todo planeta que orbita uma estrela que não seja o Sol recebe o nome de exoplaneta. As estrelas estão muito longe da Terra, o que torna muito difícil observar diretamente possíveis planetas que possam orbitá-las.

Temos 2 métodos para detectar esses exoplanetas: 1 deles é o método do trânsito do exoplaneta na frente da estrela, o que causa uma diminuição de sua luminosidade, algo que é detectado por nossos instrumentos de observação; o outro método é o da velocidade radial, que mede as variações de velocidade com que uma determinada estrela se afasta ou se aproxima de nós – isso ocorre porque quando um objeto menor – no caso, um exoplaneta – orbita um objeto maior – a estrela –, pode produzir mudanças de posição e velocidade da estrela enquanto orbita o centro de massa comum. Até o momento, telescópios e satélites como o Kepler detectaram um total de 3.696 exoplanetas presentes em 2.771 sistemas, com 620 sistemas tendo mais de 1 planeta, e ainda temos quase 5 mil candidatos à espera de confirmação. Dito isso, qual desses exoplanetas está mais próximo da Terra? Será que ele pode abrigar vida?

NASA/JPL-Caltech/T. Pyle (SSC)

30
PROXIMA B

LÁ NA CONSTELAÇÃO DO CENTAURO, EXISTE UM SISTE-
ma estelar triplo formado pelas estrelas Alpha Centauri A, Alpha Centauri B e Proxima Centauri, esta última é a estrela mais próxima da Terra depois do Sol, estando a 4,2 anos-luz daqui, ou seja, se pudéssemos viajar na velocidade da luz, chegaríamos lá em 4 anos. Essa anã vermelha se tornou o centro das atenções em 2016, quando foi anunciado que ela hospedava um exoplaneta rochoso, localizado em uma zona habitável em relação à sua estrela, o que permitiria a existência de água em estado líquido, um requisito necessário para que a vida como a conhecemos possa se desenvolver.

Acredita-se que Proxima B possua massa aproximada de 1,3 vezes a da Terra, orbitando sua estrela a cerca de 7,5 milhões de quilômetros; para base de comparação, isso é cerca de um décimo da distância da órbita de Mercúrio em relação ao Sol.

Apesar de estar muito perto de sua estrela, isso não quer dizer que Proxima B é um inferno de calor insuportável, já que a estrela Proxima Centauri é menor e mil vezes mais fraca que o Sol, ou seja, Proxima B está exatamente na distância certa para ser potencialmente habitável.

Mas ainda há dúvidas se o exoplaneta possa ter vida, já que observações recentes sugerem que ele receba altas doses de ventos estelares radioativos provenientes de sua estrela, e, convenhamos, radiação não faz bem a ninguém (com exceção ao já citado Hulk e ao Homem-Aranha, mas aí damos um desconto para a liberdade criativa de Stan Lee). Mas, caso Proxima B não possa suportar vida, o sistema pode ter outros candidatos.

ESO/M. Kornmesser

O observatório ALMA, no Chile, detectou algo que parece ser um anel de poeira cósmica fria que envolve Proxima Centauri. Essa descoberta significa que a anã vermelha pode abrigar um sistema planetário mais elaborado do que se foi pensado inicialmente. Já que até momento só sabemos da existência de Proxima B, o cinturão provavelmente é composto de pedaços de gelo e rocha, uma vez que cinturões de poeira cósmica são tipicamente restos de discos de acumulação de material que orbitam em torno de uma estrela e de restos da formação de planetas. Isso significa que pode haver mais planetas orbitando Proxima Centauri do que vimos até agora. A equipe de pesquisadores ainda encontrou um outro cinturão de pó ainda mais frio e 10 vezes mais distante da estrela. Com a descoberta desse cinturão, as chances de Proxima Centauri ser um sistema planetário múltiplo aumentam a gama de possibilidades.

ACREDITA-SE QUE
A PROXIMA B
POSSUA MASSA
APROXIMADAMENTE
DE 1,3 VEZES
DA TERRA.

31
TRAPPIST-1

TRAPPIST-1

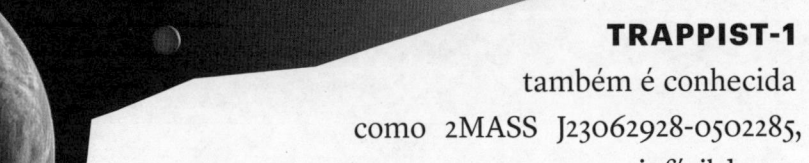

também é conhecida como 2MASS J23062928-0502285, mas vamos usar o TRAPPIST-1 por ser mais fácil de memorizar e não se parecer com o serial de algum programa de computador. TRAPPIST-1 é uma estrela anã vermelha, assim como Proxima Centauri, porém ela se encontra mais longe, a 39 anos-luz do Sol, lá na constelação de Aquário.

/JPL-Caltech

Em 22 de fevereiro de 2017, durante uma coletiva de imprensa organizada pela NASA, foi anunciada a descoberta de 7 exoplanetas rochosos orbitando a estrela, e o mais interessante é que quase todos em zona habitável, com possibilidade de abrigar oceanos de água líquida. A descoberta foi feita graças aos observatórios do ESO, localizados no Chile, e do Spitzer, da NASA. Agora a pergunta que fica é: será que tem vida em algum desses 7 planetas?

Ainda é muito cedo para afirmar qualquer coisa, mas, futuramente, quando tivermos métodos mais eficientes de observação que possibilitem olhar diretamente para suas atmosferas e medir a assinatura de elementos químicos presente nelas, poderemos ter algumas respostas e, quem sabe, a "assinatura da vida" em algum desses planetas.

Em nossa busca por exoplanetas, os rochosos não são os mais comuns, ou pelo menos os mais fáceis de serem detectados, vamos falar um pouco dos Júpiteres quentes.

32 JÚPITERES QUENTES

OS JÚPITERES QUENTES SÃO GIGANTES GASOSOS SE- melhantes a Júpiter, que orbitam bem próximo de sua estrela hospedeira. É por estar tão perto de sua estrela que ele recebe o termo "quente" no nome. Seus dias podem demorar cerca de 10 dias terrestres, enquanto um ano em um desses planetas infernais pode durar cerca de 12 anos terrestres.

Se eu morasse em um desses Júpiteres quentes, teria um pouco mais de 3 anos e não poderia assistir a um filme com censura de 13 anos, limitando-me a ver *Peppa Pig*.

O primeiro exoplaneta conhecido foi um Júpiter quente, o 51 Pegasi b, descoberto em 1995 pelos astrônomos Michel Mayor e Didier Queloz da Universidade de Genebra.

Em nossa busca por outros mundos deparamos com alguns planetas bem bizarros, um exemplo disso é o objeto a seguir.

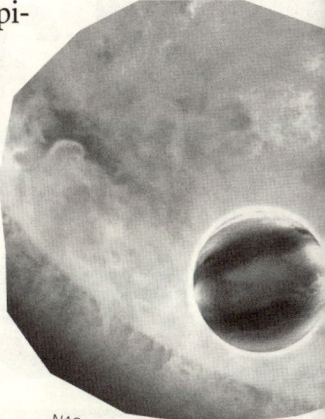

NASA, ESA, and G. Bacon (STScI)

33
COROT-7B

ELE É UM PLANETA ROCHOSO, ASSIM COMO A TERRA, E fica 23 vezes mais perto de sua estrela do que Mercúrio do Sol. Por estar perto demais de sua estrela, sua superfície é derretida. Localizado a 480 anos-luz de nós, a temperatura em sua superfície pode atingir a marca de 2.200 ºC, temperatura suficiente para vaporizar rochas.

E se você ainda não achou o cenário muito dantesco, então tente imaginar uma chuva de pedras compondo um visual infernal juntamente com vários vulcões em erupção.

Se o CoRot-7b é quente de fazer derreter rocha, agora falarei do planeta mais frio já detectado, seu nome também parece serial de jogo de computador, é o OGLE-2005-BLG-390Lb (coloque isso no seu *Call of Duty*, vai que funciona) e ele fica muito distante de sua estrela progenitora, uma anã vermelha. Por esse motivo, estima-se que a temperatura em sua superfície atinja os – 220 ºC. Nestas condições, substâncias como amônia ou metano, que para nós são comuns no estado líquido, podem se apresentar no estado sólido.

{ APROXIMADAMENTE 480 ANOS-LUZ DE DISTÂNCIA DA TERRA, AS TEMPERATURAS NO COROT-7B PODEM CHEGAR A 2.200 GRAUS CELSIUS. }

34
TRES-2B

SE O PLANETA GELADO NÃO TE IMPRESSIONOU, VAMOS falar então do planeta mais escuro. O planeta TrES-2b é composto por uma substância desconhecida e é mais escuro do que o mais negro dos carvões que você já viu, ou do que o coração do Darth Vader. Ele reflete menos de 1% da luz que recebe, e, segundo os pesquisadores, este gigante gasoso, localizado a 750 anos-luz de nós, pode ter em sua atmosfera alguns elementos químicos que absorvem a luz de forma bem eficiente, mas, ainda assim, tamanha escuridão permanece sendo um mistério.

{ **TRES-2B ESTÁ LOCALIZADO FORA DO SISTEMA SOLAR.** }

NASA/JPL-Caltech/T. Pyle

35
HAT-P-1B

OUTRO PLANETA BEM ESTRANHO É O HAT-P-1B. ELE SE encontra a 450 anos-luz daqui e, acredite se quiser, se existisse uma banheira grande o suficiente para jogar esse planeta nela, o HAT-P-1b flutuaria feito um pato de borracha. Sua densidade equivale a um quarto da densidade da água; é menor do que a de uma rolha. Ele tem cerca da metade da massa de Júpiter, mas é quase 2 vezes maior do que o gigante gasoso do Sistema Solar. Isso o coloca na categoria de planetas inchados, que também desafiam as teorias que temos sobre a formação de planetas.

{ SEGUNDO O CENTRO HARVARD-
-SMITHSONIAN DE ASTROFÍSICA,
O PLANETA HAT-P-1B POSSUI UM RAIO
38% MAIOR DO QUE O DE JÚPITER. }

36
PSR
J1719-1438 B

EXISTE UM PLANETA FEITO DE DIAMANTE. SIM, UMA PE- dra de diamante flutuando pelo espaço. O nome desse planeta é PSR J1719-1438 b, ele tem quase a massa de Júpiter, mas apenas 40% de seu tamanho. Ele orbita o pulsar PSR J1719-1438. Segundo os pesquisadores, a enorme pressão fez o carbono em seu interior se cristalizar em diamante. Outro fato interessante sobre este exótico planeta é que os cientistas acreditam que o 1438b é um remanescente de estrela cujas camadas externas foram sugadas pelo pulsar o qual ele orbita. Embora as camadas externas do planeta tenham sido removidas pelo pulsar, elas deixaram para trás um remanescente composto principalmente de carbono. Ou seja, esse planeta diamante pode ter sido uma estrela no passado. O PSR J1719-1438b está a 4 mil anos-luz daqui. Imagine só se ele estivesse perto... iria ter muitas pessoas investindo em pesquisa espacial só para ter a oportunidade de dar uma garimpada no planeta.

37

TRES-4

FINALIZANDO A LISTA DE PLANETAS BIZARROS. SABE-
mos que Júpiter é o maior planeta do Sistema Solar, mas garanto que já deve ter passado pela sua cabeça a dúvida sobre qual seria o maior planeta já detectado no Universo. Se eu acertei que você pensou nisso, já posso liderar os X-Men com o meu poder de ler mentes.

TrES-4 parece um nome de *droide* da série *Star Wars*, mas é o nome de um exoplaneta localizado lá longe, a 1.435 anos-luz da Terra, na constelação de Hércules, orbitando a estrela (e agora segura aí o serial de programa para computador) GSC02620-00648. Esse exoplaneta é 70% maior que Júpiter, o que faz com que ele seja (até o momento) o maior planeta conhecido no Universo.

O TrES-4 completa uma órbita em torno de sua estrela a cada 3,55 dias, e sua atmosfera é escaldante, chegando a 1.300 ºC. Ele tem uma densidade de apenas 0,2 gramas por centímetro cúbico (semelhante a uma rolha) e em razão disso ele foi apelidado carinhosamente de Planeta Cortiça.

Antes de sair da parte destinada aos exoplanetas, quero falar sobre a procura de vida no espaço. Mandamos missões para Marte, Vênus e Titã, lua de Saturno. Encontramos exoplanetas em estrelas próximas, mas até o momento não encontramos nenhum sinal de vida, ou, pelo menos, a vida como a conhecemos, baseada no carbono, que requer água líquida, energia leve ou química como fonte de energia e com a habilidade de formar grandes cadeias para tornar mais fácil a construção de moléculas complexas o suficiente para manter um ser vivo.

Mas e se expandíssemos a nossa busca e fôssemos um pouco mais além da vida que conhecemos aqui na Terra? Cientistas e autores de ficção científica especulam há muito tempo que, como os átomos de silício se ligam a outros átomos de maneira semelhante ao carbono, o silício pode ser a base de uma bioquímica alternativa da vida. No entanto, mesmo que o silício esteja amplamente disponível na Terra e represente 28% da crosta do planeta (contra 0,03% do carbono), o elemento está quase totalmente ausente da química da vida. Entretanto, uma pesquisa feita na Califórnia, em 2016, conseguiu desenvolver uma enzima bacteriana que incorpora de forma eficiente o silício em hidrocarbonetos simples, um primeiro passo para a vida. Ao longo de seu desenvolvimento, organismos capazes de incorporar silício em suas células podem levar a uma nova bioquímica para a vida, embora, pelo menos por enquanto, criar criaturas baseadas em silício, como a Horta, retratada na série *Star Trek*, ainda é algo muito distante.

Mesmo assim, em virtude de o carbono e o silício terem muito em comum, os cientistas acreditam que é teoricamente possível haver vida baseada em silício, que se desenvolveria e responderia a estímulos de seu ambiente e a passagem do tempo. Porém, à primeira vista, ao trombar com um organismo dessa natureza, talvez nem os reconheceríamos como vida, talvez ele se parecesse mais com rochas do que com plantas e animais, sem contar que esse tipo de vida exótica poderia fazer umas coisas bem estranhas, como quando o silício reage com oxigênio e se torna quartzo; então, organismos baseados em silício e que respiram oxigênio exalariam quartzo!

Ligações baseadas em silício são mais desenvolvidas em alta temperaturas; então, se existir algum tipo de vida baseada em silício, o melhor lugar para procurá-la seria em lugares quentes, como abaixo da superfície de um planeta. Não sabemos se esse tipo de vida já habitou a Terra, pelo menos nunca encontramos vestígios de vida fóssil extintos em um granito ou em um basalto, o que sugere que o carbono, como solvente combinado com a água, funciona melhor do que o silício como um bloco de construção para a vida em um planeta como o nosso.

Mas nem tudo está perdido para a possibilidade de vida baseada em silício: em um mundo extremo como a lua de Saturno, Titã, não há oxigênio na atmosfera e toda a água é congelada e sólida, de modo que o silício não é oxidado imediatamente em rocha inerte. Além disso, Titã tem metano líquido e metano em sua superfície, que seria um bom solvente para o silício. Eles seriam estáveis e poderiam ser o início de uma vida bioquímica alienígena. Então, devemos esperar que exista vida baseada em silício em Titã? Provavelmente não, infelizmente. Há muito carbono em torno que pode reagir com outros compostos abundantes no ambiente de Titã e muito pouco silício. A maioria está trancada em seu interior profundo. Mesmo assim, se existe vida em Titã, o silício pode ser usado mais como um material de construção do que para gerar vida. Aqui mesmo na Terra, as algas conhecidas como diatomáceas requerem silício para o seu crescimento e o ácido silícico é encontrado no cabelo, nas unhas e na epiderme. Às vezes, a vida é muito mais inventiva do que pensamos. Então, pense 2 vezes antes de chutar uma pedra, porque vai que ela está viva, né? Ou não?

Então, seguindo a nossa "viagem", todos esses planetas orbitam uma estrela no centro de seu sistema, mas nem todas são parecidas com o Sol – que é uma estrela amarela de quinta grandeza no meio da sua duração de aproximadamente 10 bilhões de anos. Existe uma variedade de estrelas e a seguir vamos conhecer algumas delas.

38 ANÃS VERMELHAS

AS ANÃS VERMELHAS SÃO O TIPO DE ESTRELA MAIS CO-mum na Via Láctea. Elas são pequenas (óbvio, senão não seriam anãs, Schwarza, DÃÃ), pouco massivas e relativamente frias. A massa das anãs vermelhas pode ir de aproximadamente 0,075 vezes a massa do Sol até aproximadamente metade da massa de nossa estrela. A temperatura em sua superfície é algo em torno dos 4 mil Kelvin, então você se pergunta: "Mas você não acabou de falar que elas são frias?". Bom, eu disse "relativamente" frias. Se comparar com a temperatura da superfície do Sol, que é de 5.778 Kelvin, elas são mais frias. A luminosidade das anãs vermelhas é baixa. Proxima Centauri é a estrela mais próxima do Sol ("Olha, temos uma estrela bem próxima de nós, qual o nome que vamos dar a ela? Proxima!"), estando a 4,2 anos-luz daqui, mas apesar de ela estar relativamente perto, sua magnitude aparente é de +11,05, o que a torna totalmente invisível a olho nu.

Em 2012, o astrofísico Neil DeGrasse Tyson apareceu na HQ do Superman para dar detalhes sobre Krypton, o planeta natal do Homem de Aço. Quem conhece a história do Supeman sabe que Krypton orbitava uma estrela vermelha. E não é que as anãs vermelhas poderiam servir para hospedar o planeta natal do Superman?

Bom, não temos apenas as anãs vermelhas – pequenas e fracas – como Proxima Centauri, que hospeda o exoplaneta Proxima B. Também temos as supergigantes massivas, como é o caso da Betelgeuse, e as gigantes vermelhas. Na época, a DC Comics, editora que publica as histórias do Superman, entrou em contato com o astrofísico e pediu para que ele procurasse alguma estrela que se encaixasse nas características da estrela que era orbitada pelo planeta natal do Superman e isso lhe deu muito trabalho, pois as supergigantes, por exemplo, não serviriam, já que elas explodem em supernovas quando ainda são muito jovens, e por isso teria devastado

Krypton antes que desse tempo de abrigar uma civilização avançada. E as gigantes vermelhas? Elas poderiam hospedar Krypton se não fosse por um detalhe: não havia nenhuma a uma distância que fosse compatível com a descrita na história contada na HQ.

Então a saída foi encontrar alguma anã vermelha, pois além de serem bem comuns no Universo, elas podem ser velhas o bastante para dar tempo de uma civilização se desenvolver e estão perto o bastante para estar de acordo com o roteiro da HQ. Dito isso, a escolhida por Tyson foi a estrela de nome LHS 2520, localizada ao sul da constelação do Corvo. Porém o astrônomo Phil Plait realizou alguns cálculos e pagou de nerd chato concluindo que a LHS 2520 não poderia hospedar planetas ricos em vida como Krypton, pois na HQ do herói, a estrela fica a 100 milhões de quilômetros de Krypton, o que é mais perto do que estamos do Sol (150 milhões de quilômetros). Entretanto, a estrela é tão fraca e fria que tornaria o planeta bastante gelado, com temperaturas médias de – 170 ºC.

Nessa configuração encontraríamos oxigênio e nitrogênio no estado gasoso, porém não teríamos água, sendo assim, o Krypton mostrado na história não seria o melhor planeta para a vida surgir.

NASA/ESA/G. Bacon (STScI)

QUEM CONHECE A HISTÓRIA DO SUPERMAN SABE QUE KRYPTON ORBITAVA UMA ESTRELA VERMELHA, E NÃO É QUE AS AÑAS VERMELHAS PODERIAM SERVIR PARA HOSPEDAR O PLANETA NATAL DO SUPERMAN?

39 ANÃS MARRONS

A ANÃS MARRONS SÃO OBJETOS CELESTES BEM SUBES-
timados, tanto é que alguns gostam de se referir a elas como "estrelas frustradas". Vou explicar o porquê.

As anãs marrons são objetos de baixa luminosidade que não conseguem dar início a fusão nuclear que faz o hidrogênio se fundir para gerar hélio em seu núcleo (por isso a alcunha de fracassada). Ela é quase como um objeto que está entre um planeta e uma estrela, pois sua massa é superior à de um planeta, mas não o suficiente para se tornar uma estrela de fato.

Apesar do nome, esse objeto de baixa luminosidade tem uma cor avermelhada, e não marrom, e a frequência em que ela mais emite luz situa-se na faixa do infravermelho próximo. A temperatura em sua superfície fica entre 1 mil e 3.400 Kelvin, e elas são encontradas, em sua maioria, em sistemas binários, orbitando estrelas de baixa massa. Um sistema binário é um sistema composto por 2 objetos celestes que orbitam um centro de massa em comum, ligados gravitacionalmente entre si (lembram de Plutão e Caronte?) Existem casos em que o sistema binário em si pode ser composto de 2 anãs marrons que compartilham um baricentro, e ainda podemos encontrar algumas anãs marrons solitárias por aí.

40 SUPERGIGANTE AZUL

AGORA AS COISAS VÃO DAR UM BAITA SALTO NA ESCA-
la. Uma das minhas constelações preferidas é a constelação de Órion, e eu gosto dessa região do céu porque tem muita coisa acontecendo ali. Temos a estrela Betelgeuse, localizada no ombro direito de Órion, que, segundo alguns astrônomos, explodirá em uma supernova daqui a aproximadamente 100 mil anos contando a partir de hoje – sim, parece muito, e caso não inventem algum método para conservar corpos humanos por longos períodos de tempo, como o método criogênico mostrado na série *Futurama*, a supernova de Betelgeuse será algo que dificilmente iremos ver, mas para o Universo 100 mil anos não é nada, é um "piscar de olhos".

Betelgeuse é 20 vezes mais massiva, 890 vezes maior e emite 125 mil vezes mais energia que o nosso Sol. Se fosse colocada no centro do nosso Sistema Solar, seu diâmetro passaria um pouco da órbita de Júpiter.

Em Órion também se encontra uma das mais belas nebulosas na minha opinião, a Cabeça de Cavalo, mas não vou me alongar muito sobre as belezas de Órion porque o foco aqui são as supergigantes azuis.

Alnilam, Alnitak e Mintaka compõem o famoso cinturão de Órion. Alnilam é uma supergigante azul localizada a cerca de 1.340 anos-luz de nós, e a temperatura em sua superfície é de 27 mil Kelvin – sim, é muito alta. E essa alta temperatura é uma característica das supergigantes azuis, a outra é a sua grande massa.

Talvez a supergigante azul mais conhecida seja Rígel, também pertencente à constelação de Órion (eu disse que essa constelação era interessante). Rígel tem uma luminosidade de até 66 mil vezes maior que a do Sol e sua massa chega a 20 massas solares – um monstro espacial. Geralmente as supergigantes azuis têm temperaturas em sua superfície entre 20 mil e 50 mil Kelvin e massa entre 10 e 50 vezes a do Sol. Elas estão entre as estrelas mais quentes e brilhantes do Universo.

ALNILAM É UMA SUPERGIGANTE AZUL LOCALIZADA A CERCA DE 1.340 ANOS-LUZ DE NÓS, E A TEMPERATURA EM SUA SUPERFÍCIE É DE 27 MIL KELVIN — SIM, É MUITO ALTA.

41 SUPERGIGANTE VERMELHA

ESTRELAS GIGANTES VERMELHAS SÃO estrelas idosas e de grandes dimensões. Sua cor é avermelhada e podem ter uma massa que vai de 0,3 a 8 vezes a massa do Sol. Se você chegou até aqui já deve ter percebido que as estrelas passam por vários estágios durante a sua "vida". A maior parte delas se encontra no que chamamos de sequência principal – esse termo designa estrelas que possuem hidrogênio no núcleo, onde ocorre a fusão nuclear em que o hidrogênio é transformado em hélio. O Sol se encontra na sequência principal. Durante sua existência, as estrelas da sequência principal vão queimando seu hidrogênio. No caso dessas estrelas, quando acaba o estoque de hidrogênio em seu núcleo, há ainda hidrogênio presente nas camadas externas, gerando a fusão de hidrogênio em hélio.

Quando isso acontece, ao fundir hidrogênio em hélio nas camadas exteriores, essas mesmas camadas acabam por se expandir, dando origem a uma gigante vermelha, o que a faz sair da chamada sequência principal.

As gigantes vermelhas podem ter de algumas dezenas a até centenas de vezes o diâmetro do Sol, mas como já diz o ditado, "tamanho não é documento", então não se deixe levar pelo tamanho. Apesar disso, o Sol é mais quente que esse tipo de estrela. A temperatura na superfície de uma gigante vermelha geralmente não passa dos 5 mil Kelvin.

Como eu disse lá no começo, o destino do Sol é se tornar uma gigante vermelha, e isso vai acontecer quando ela acabar com o seu estoque de hidrogênio. Com a interrupção da produção de energia, o núcleo não poderá mais suportar o peso das camadas mais externas e sofrerá um colapso, o que aumentará muito a sua temperatura. Então, a estrela passará a queimar o hidrogênio que existe nas camadas próximas ao núcleo. Esse processo é tão violento que empurrará as camadas externas do Sol para fora, transformando-o em uma estrela gigante.

Mercúrio, Vênus e, provavelmente, a Terra serão engolidos no processo.

AS GIGANTES VERMELHAS PODEM TER DE ALGUMAS DEZENAS A ATÉ CENTENAS DE VEZES O DIÂMETRO DO SOL.

42
UY
SCUTI

JÁ QUE CONVERSAMOS SOBRE AS supergigantes vermelhas, eu não poderia deixar de falar da UY Scuti, que é, até o momento em que escrevo este texto, a maior estrela já observada, deixando para trás a ex-detentora desse título, a VY Canis Majoris.

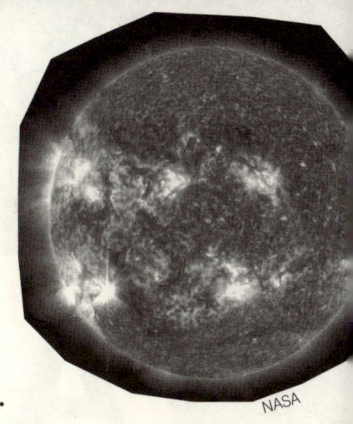

A UY Scuti é classificada como hipergigante, uma classificação que vem depois de "supergigante" e "gigante". Seu tamanho aproximado é de 1 bilhão de quilômetros, ou quase 8 unidades astronômicas – lembrando que uma unidade astronômica é a distância entre a Terra e o Sol. Se colocássemos a UY Scuti no centro do Sistema Solar, no lugar do Sol, ela iria englobar uma área que chegaria até a orbita de Júpiter.

Apesar de suas dimensões absurdas, ela não é a estrela mais massiva conhecida – possui um pouco mais de 30 vezes a massa do Sol; isso a deixa bem longe das primeiras colocadas nesse quesito. O topo desse pódio fica com a estrela de nome nada amigável, R136a1, que tem 265 vezes a massa do Sol. É algo tão absurdo que dá um nó na minha massa cinzenta.

Mas a UY Scuti pode acabar perdendo o posto de maior estrela já observada, seu raio é cerca de 1.700 vezes maior do que o da nossa estrela, mas como ela faz parte de uma classe de estrelas que variam em brilho porque variam em tamanho, esse número pode mudar ao longo do tempo. A margem de erro nessa medida é de cerca de 192 raios solares. Se ela for menor por 192 raios solares, outras estrelas podem chutar sem dó a UY Scuti do primeiro lugar do pódio das maiores estrelas conhecidas.

Da mesma forma que existem planetas bem bizarros, as estrelas também têm a sua porção de objetos bem esquisitos que desafiam a nossa compreensão.

43 A ESTRELA COM NUVENS DE METAL

VOCÊ CONSEGUE IMAGINAR UMA ESTRELA COBERTA por nuvens de metal? Essa estrela nada convencional está catalogada como um tipo de anã branca, objeto superdenso que sobra após o colapso de estrelas como o Sol. E quando falo em superdenso, me refiro ao fato de que uma colher de chá desse material teria o peso equivalente a 15 toneladas. Agora pense nesse mesmo objeto superdenso coberto com nuvens metálicas. Uma coisa que é preciso deixar bem clara é que o termo "nuvem" aqui pode ser uma pegadinha, já que as nuvens que encontramos em uma anã branca não são como as nuvens que observamos nos céus daqui da Terra, onde elas se formam pelo vapor de água e têm uma aparência fofa e branca de formatos irregulares (ou às vezes de cachorros, gatos e o que mais a sua pareidolia inventar).

Já na composição das nuvens presentes nessas estrelas encontramos chumbo e zircônio em estado gasoso junto com metais variados, mas em concentração menor, possuindo uma espessura de 100 quilômetros e chegando ao peso absurdo de 100 bilhões de toneladas métricas. Os cientistas acreditam que essas nuvens cobrem, total ou parcialmente, a superfície de uma estrela. Ainda não sabemos direito qual é a aparência delas de perto, mas só de existirem instiga a nossa imaginação.

44 ESTRELA VEGA: A ESTRELA OVAL

SABEMOS QUE AQUELA IMAGEM DE ESTRELAS DE 5 pontas que vemos em desenhos não corresponde fielmente ao objeto que a inspirou. Geralmente as estrelas têm formato esférico, porém algumas apresentam um formato diferente. Vega é a quinta estrela mais brilhante do céu noturno; de perto, no entanto, não se parece em nada com uma estrela típica.

Sua rotação é tão rápida que pode chegar a 965.606 quilômetros por hora, e esse giro todo a deixa num formato oval, semelhante à forma achatada que a rotação rápida de Saturno lhe dá. Os astrônomos acreditam que Vega chega a 90% de sua velocidade máxima possível de rotação, se ela ultrapassasse 10% disso sua gravidade seria prejudicada e a destruiria. Outra particularidade da estrela é que ela não brilha de forma uniforme, como o Sol; em vez disso, seu equador brilha menos do que seus polos, o que gera uma faixa escurecida em sua superfície. Os cientistas acreditam que a faixa é um resultado da variação de temperatura causada pela sua velocidade de rotação. Como o equador é mais frio, ele brilha menos e tem cor mais escura.

NASA/JPL-Caltech/ University of Arizona

45
HV 2112:
A ESTRELA OVO DE CHOCOLATE

E AGORA VAMOS FALAR DE OVO DE CHOCOLATE

espacial? Aquele doce caro que estraga seus dentes, mas que tem uma surpresa dentro? Então, apresento a vocês a estrela HV 2112: uma estrela gigante com uma surpresa dentro e que carrega uma estrela de nêutrons enterrada em seu núcleo! Os cientistas acreditam que ela era originalmente um sistema binário, consistindo em uma gigante vermelha e uma estrela de nêutrons, que foi engolida pela sua companheira maior. E o desfecho desse canibalismo espacial é um negócio de nome estranho, um Thorne-Żytkow, que de tão bizarro obrigou os astrônomos a redefinirem alguns modelos de evolução estelar.

A HV 2112 é a junção de 2 objetos: uma estrela de nêutrons dentro de uma gigante vermelha. Esses 2 objetos já são bem extremos separados. Anteriormente eu citei que uma colher de chá contendo um pouco da massa de uma estrela de nêutrons pode ter o peso de mais de 4 bilhões de toneladas, e, enquanto isso, uma gigante vermelha pode chegar a diâmetros que cobrem centenas de milhões de quilômetros. Mesclar esses dois objetos dá origem a uma coisa diferente de qualquer coisa

Mas a HV 2112 não é apenas exclusiva por ser híbrida de 2 estrelas monstros. Ela também se comporta de forma diferente, criando concentrações mais elevadas de elementos pesados específicos. Isso poderia mudar o nosso entendimento sobre como os elementos pesados são gerados na natureza, pois até a descoberta da HV 2112, os astrônomos teorizavam que os elementos pesados eram gerados unicamente no núcleo de estrelas convencionais de grande massa e em supernovas antigas, no entanto a existência da HV 2112 nos fez repensar alguns modelos fundamentais sobre o cosmos.

46 ESTRELA DE TABBY: A ESTRELA DA MEGAESTRUTURA ALIENÍGENA

EXISTE UMA ESTRELA LOCALIZADA A 1.480 ANOS-LUZ DA Terra, na constelação do Cisne. Essa estrela mexeu com o imaginário das pessoas em 2015 por causa de uma constatação bem peculiar. O telescópio espacial Kepler, da NASA, revelou que 21% da luz proveniente do astro sofria uma diminuição. Suspeitava-se de que a luz era bloqueada por alguma coisa em trânsito entre a Terra e a estrela de Tabby (esse nome me lembra achocolatado – sim, sou chocólatra); um planeta grande como Júpiter bloquearia no máximo 1% dessa luz, algo muito estranho estava acontecendo com essa estrela.

As primeiras ideias levantadas pelos astrônomos para tentar explicar o comportamento estranho dessa estrela consistiam em um grupo de cometas despedaçados que poderiam estar orbitando a estrela. Outra hipótese era de que uma nuvem espessa de material interestelar também estivesse bloqueando sua luz. Até mesmo um planeta sendo devorado pelo astro foi cogitado, mas a hipótese que caiu no gosto do povo foi de que alguma megaestrutura alienígena estaria obstruindo o brilho da estrela.

Megaestruturas alienígenas é algo que já foi especulado por alguns cientistas; um exemplo são as esferas de Dyson – um exame de painéis solares que seriam usados para captar a energia gerada por uma estrela. E, como sabemos, vida fora da Terra é um assunto que fascina muitas pessoas, e a possibilidade de que essa estrela poderia ter uma estrutura feita por homenzinhos verdes gerou uma comoção tão grande que 1.700 pessoas doaram mais de 100 mil dólares para que pesquisadores pudessem coletar mais dados da estrela de Tabby (também conhecida por KIC 8462852, mas, convenhamos, Tabby é muito mais simpático).

Com o dinheiro arrecadado foi possível "alugar" por um bom tempo o Observatório Las Cumbres, que conta com telescópios espalhados pelo mundo todo, e, com isso, monitorar a estrela entre março de 2016 e dezembro de 2017. O resultado da pesquisa foi publicado no *The Astrophysical Journal Letters*, e o brilho da estrela oscilou 4 vezes nesse período. E qual terá sido o resultado?

Para tristeza dos entusiastas da vida alienígena, o resultado não foi lá muito animador. A pesquisa descartou oficialmente a hipótese de que as oscilações da luz da estrela fossem causadas por uma megaestrutura alienígena. Descobriu-se que, indo contra os modelos que lidam com grandes objetos maciços, regiões específicas do espectro de luz captada tendem a ser mais absorvidas pelo material do que outras; os dados revelaram que cores diferentes da luz estão sendo obstruídas em diferentes intensidades, ou seja, seja lá o que esteja se passando entre a Terra e a estrela, não se trata de algo opaco, algo que se esperaria de um planeta ou de uma... megaestrutura alienígena. Com a hipótese de construção megalomaníaca alienígena descartada, outros possíveis fenômenos podem estar por trás do obscurecimento da luz vinda da estrela de Tabby.

ESTRELA HD 140283: UMA ESTRELA MAIS VELHA QUE O PRÓPRIO UNIVERSO?

Desde que nossos primeiros representantes apareceram no planeta há cerca de 200 mil anos, observamos, catalogamos e traçamos padrões, identificamos planetas, estrelas, galáxias, e, com o passar dos anos, desenvolvemos meios de medir a temperatura e a pressão da radiação cósmica de fundo, a radiação de luz mais distante que podemos detectar (e um resquício do Big Bang). E, com as descobertas da formação das estrelas, dos aglomerados estelares da criação e desenvolvimento das galáxias, foi possível estimar uma idade aproximada do Universo de 13,8 bilhões de anos. Sem a contextualização de todo o processo histórico e científico, esse número soa abstrato para um leigo, mas ele condiz com todas as observações e medições feitas até o momento.

Mas, então, como explicar esta estrela, a HD 140283? Ela tem intrigado astrônomos há anos. O motivo? Segundo os cálculos, a estrela seria mais velha que o próprio Universo, tendo uma idade de 14,5 bilhões de anos. A idade das estrelas é determinada por meio da análise de alguns fatores, como temperatura e luminosidade. A vida de uma estrela depende de quanto metal e massa ela contém. Estrelas mais antigas possuem baixa massa e baixa taxa de metais. O termo "metal" designa o subproduto de uma reação de fusão no núcleo da estrela e algumas das primeiras estrelas não tinham metais, mas à medida que iam morrendo, seus vestígios tornavam-se parte de novas estrelas, que adotavam metais criados por suas predecessoras. Sendo assim, a melhor forma de analisar uma estrela é estudando a sua composição.

Mas então estamos errados sobre a idade do Universo? Ou erramos ao calcular a idade dele? E, ao errar, será que a ciência perde credibilidade? Algo que sempre falo no meu canal é que a ciência não trabalha com convicções; teorias científicas acompanham os resultados de nossas observações, sendo moldadas por elas, e se você comemora alguma conta que não bate e tira sarro da ciência, é porque você não entende o método científico. O que os cientistas terão que fazer sobre a HD 140283 é melhorar nossa compreensão da idade da estrela. Recentemente o telescópio Hubble foi usado para tentar compreender o que acontece com a estrela. Foi usado o princípio da paralaxe para entender melhor a distância em que essa estrela está de nós; com base nisso, seu brilho foi calculado e foi possível reavaliar sua idade para algo mais condizente com os modelos cosmológicos que tentam datar o início do Universo. Ainda é cedo para definir uma idade mais precisa para a HD 140283. Admitir reavaliar nossas opiniões expande nosso conhecimento para além do que é cômodo ao nosso entendimento, e isso vale para a vida.

47
AGLOMERADOS
ESTELARES

AGLOMERADOS DE ESTRELAS

são pequenos grupos de estrelas presentes no disco de nossa galáxia ou em outras galáxias espirais. Esses conjuntos geralmente incluem centenas ou milhares de estrelas unidas por um campo gravitacional comum. No caso de nossa galáxia, há milhares de aglomerados estelares, mas existem 2 tipos básicos: os abertos e os globulares.

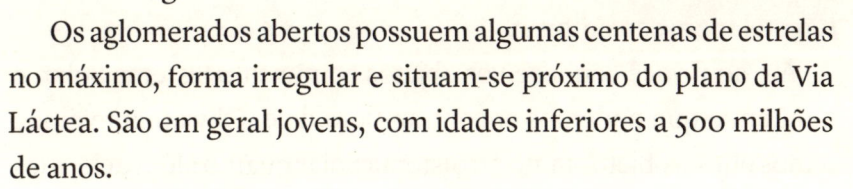

ESA/NASA

Os aglomerados abertos possuem algumas centenas de estrelas no máximo, forma irregular e situam-se próximo do plano da Via Láctea. São em geral jovens, com idades inferiores a 500 milhões de anos.

Os aglomerados globulares têm dezenas ou centenas de milhares de estrelas, forma esférica, idades da ordem de 10 bilhões de anos e ocupam o halo estelar da galáxia.

No interior dos aglomerados, as estrelas interagem gravitacionalmente, sempre perturbando a órbita uma das outras. No centro de alguns globulares, a densidade estelar é tão alta que algumas estrelas chegam a colidir ou mesmo a se fundir, formando estrelas maiores. Nas outras galáxias, vemos os aglomerados apenas como pontos de luz, sendo impossível estudá-los em detalhe individualmente. Nesse caso, é possível estudar o sistema de aglomerados como um todo.

Os aglomerados de estrelas são formados em galáxias, em regiões onde o gás e a poeira apresentam maior densidade, dentro das nuvens moleculares presentes no espaço interestelar. E é desse gás e dessa poeira que surgem as estrelas. Elas são fruto da

NASA/JPL-Caltech/
Harvard-Smithsonian CfA

fragmentação desse material, e do colapso gravitacional desses fragmentos. A intensa radiação originada nas estrelas recém-formadas aquece o material da nuvem em volta, o que gera uma nebulosa. Então, se passam alguns milhões de anos, e esse material interestelar é removido pelas estrelas, o que forma uma cavidade no interior das nuvens. O aglomerado passa a ser facilmente detectável, já que a luz de suas estrelas, principalmente a luz visível, não é mais bloqueada pelo meio interestelar em seu entorno.

Até aqui você conheceu os objetos comuns no Sistema Solar, e também o que podemos encontrar além dele. Obviamente ainda temos outros objetos tanto no Sistema Solar quanto além dele, mas onde é que tudo isso está inserido? Se o Sistema Solar é o nosso "bairro", em qual "cidade" ele se encontra? Chegou a hora de aumentar a escala mais uma vez e falar das galáxias.

OS AGLOMERADOS DE ESTRELAS SÃO FORMADOS EM GALÁXIAS, EM REGIÕES ONDE O GÁS E A POEIRA APRESENTAM MAIOR DENSIDADE, DENTRO DAS NUVENS MOLECULARES PRESENTES NO ESPAÇO INTERESTELAR.

48
GALÁXIAS

O SISTEMA SOLAR SE ENCONTRA DENTRO DE UMA GA-
láxia, a Via Láctea. Uma galáxia é um amplo conjunto de estrelas, planetas, satélites etc., incluindo também uma grande variedade de gases e poeira cósmica.

Este objeto com forma espiral, como no caso da Via Láctea, possui algo em torno de 200 bilhões de estrelas, apesar de alguns acharem esse número modesto, acreditando que a quantidade de estrelas possa bater a marca dos 400 bilhões, uma quantidade tão absurda que chega a dar dor de cabeça só de tentar imaginar. A massa desses objetos pode chegar a algo em torno de 1 trilhão e 750 bilhões de vezes a massa do Sol.

A nossa percepção atual da Via Láctea, obtida por telescópios cada vez mais avançados, é a de uma parte luminosa do Universo, resultado da soma de luzes irradiadas por uma vasta quantidade de astros. Quanto mais potente for o instrumento usado para visualizá-la, maior será o número de estrelas percebidas individualmente nessa estrutura cósmica.

Não é possível conhecer completamente a Via Láctea, pois apesar de toda a tecnologia que temos, ainda é difícil perceber visualmente os locais mais distantes dessa estrutura (aliás, toda vez que você vir uma imagem retratando a Via Láctea, saiba que aquilo é uma concepção artística baseada no que podemos observar daqui da Terra e em imagens de outras galáxias, uma vez que não é possível enviar nenhuma sonda tão longe a ponto de poder fotografá-la por inteiro. O objeto feito por humanos que foi mais longe no espaço são as sondas Voyagers, que ainda estão saindo do Sistema Solar). Outro fator que nos impede de ver outras porções da Via Láctea e mesmo de enxergar mais longe é a poeira interestelar existente no disco da Via Láctea.

De qualquer modo, conhecemos muitas características da Via Láctea, como, por exemplo, o seu diâmetro e a localidade do Sol nessa enorme estrutura, dados estes que, apesar de serem bem aprimorados, foram observados há 80 anos. As pesquisas que contribuíram para essa avaliação passam pela análise de pequenos aglomerados estelares conhecidos por aglomerados globulares, que estão situados no exterior dessa Galáxia, na parte nomeada de halo.

Os cientistas estabeleceram também o local onde se encontra o núcleo da Via Láctea, situado na constelação de Sagitário, que é facilmente observada no estado de Minas Gerais e também em outras regiões do país dependendo do período do ano. É possível identificar nessa região tanto nebulosas quanto agrupamento de estrelas.

Quando observamos daqui da Terra um céu estrelado, não é difícil perceber uma faixa esbranquiçada, permeada por regiões escuras, nebulosas etc. Essa faixa corresponde à porção do disco da nossa galáxia que podemos ver daqui da Terra, ou do Sistema Solar, como quiser.

Bom, sabemos que estamos situados em uma galáxia e que ela se chama Via Láctea, mas como as galáxias se formam?

Acredita-se que as galáxias se formaram há bilhões de anos, já que todas elas possuem estrelas de população tipo II (são estrelas mais velhas, avermelhadas e pobres em metais), logo a sua idade deve ser de, pelo menos, uns 10 a 11 bilhões de anos, que é a idade típica das estrelas desse tipo. Basicamente, os nossos modelos que retratam a formação e a evolução de galáxias destacam grande participação de força gravitacional. A teoria do colapso diz que as galáxias, e isso também vale para as estrelas, se formaram a partir das nuvens de hidrogênio, juntamente com um pouco de hélio – os dois produzidos no Universo primordial (mais precisamente nos três primeiros minutos). Com a expansão e o resfriamento do Universo, em algumas regiões do espaço onde existiam inomogeneidades, ocorreu o colapso dessas nuvens para dar origem às estrelas e galáxias.

O Universo de hoje é um grande lugar velho demais para formar outras galáxias, tendo em vista que o gás distribuído entre as galáxias e os aglomerados possuem densidade pequena e é incapaz de formar novas estruturas como essas (lembre-se de que há estrelas se formando por aí). Galáxias têm em média uma densidade da ordem de 1 átomo por centímetro cúbico. Se todas as estrelas fossem dissolvidas e espalhadas de maneira igual por todo o volume da galáxia, essa seria sua densidade.

A Via Láctea aparenta um visual muito bonito, quase simétrico, mas existem outras por aí que são bem diferentes e até um tanto estranhas. A seguir, separei algumas bem interessantes para comentar.

49 O OBJETO DE HOAG

O OBJETO DE HOAG É UMA GALÁXIA QUE MAIS PARECE ser uma daquelas promoções "compre 1 e leve 2". Esse objeto é composto de um núcleo amarelado de estrelas brilhantes no centro e um anel azul formado por outras estrelas separadas do primeiro grupo por um suposto grande vazio. Mas ela é só UMA galáxia mesmo, da mesma maneira que Saturno é só um planeta, e não um planeta com um outro planeta em forma de anel em torno dele.

Agora, fica a pergunta que não quer calar: como o Objeto de Hoag se formou? Quando os cientistas receberam o desafio de responder a essa questão, encontraram uma solução bem simples – rotularam a galáxia como "um tipo de galáxia em anel" e foram cuidar da vida em busca de mistérios que lhes dessem mais motivação.

> SÃO DUAS GALÁXIAS? ESTA FOI A PERGUNTA QUE O ASTRÔNOMO ART HOAG FEZ AO DESCOBRIR ESTE OBJETO.

50
GALÁXIA
DO
SOMBREIRO

AGORA VOU FALAR DA MINHA GALÁXIA PREFERIDA: A galáxia do Sombreiro. Ela recebeu esse nome por lembrar aquele famoso chapéu mexicano. Ela tem uma grande protuberância no centro, onde a cabeça de algum gigante cósmico imaginário, tipo o vilão intergalático Galactus, poderia entrar.

Quando olhamos para ela um pouco mais de perto, podemos ver que, na verdade, a galáxia é composta de vários grupos diferentes de estrelas, em vez de apenas um grande. Também conhecida como NGC 4594 ou Messier 104 (M104), é uma galáxia espiral com núcleo brilhante rodeado por um disco de material escuro. Ela foi descoberta em 1912 por Vesto Slipher, no Observatório Lowell.

Bilhões de estrelas velhas fazem com que seu brilho difuso do bojo central seja estendido. Belos anéis de poeira da M104 abrigam muitas estrelas jovens e brilhantes e mostram intrincados detalhes que ainda não entendemos completamente. O centro do "sombreiro" brilha em todo o espectro eletromagnético e possivelmente abriga um grande buraco negro supermassivo. A luz de 50 milhões de anos a partir da galáxia do Sombreiro pode ser vista com a ajuda de um telescópio pequeno – fica na direção da constelação de Virgem.

NASA/Hubble Heritage Team

51 GALÁXIA DE ANDRÔMEDA

MAIS FÁCIL DE SER OBSERVADA, A galáxia de Andrômeda pode ser vista a olho nu. Localizada a 2,54 milhões de anos-luz da Terra, ela é a grande galáxia considerada mais próxima da Via Láctea. Ela tem esse nome devido ao fato de ser vista na direção da constelação de Andrômeda. Sua extensão é a maior de todas as outras galáxias do chamado grupo local – composto pela galáxia do Triângulo, pela Via Láctea e por mais outras 30 de dimensões menores. Entre os astros que podemos ver a olho nu, Andrômeda é um dos que têm maior luminosidade, com uma magnitude de 3,4, registrado pelo astrônomo francês Charles Messier. Ela possui cerca de 220 mil anos-luz de diâmetro (lembrando que a Via Láctea tem cerca de 100 mil anos-luz de diâmetro).

Uma coisa interessante de se falar é que a galáxia de Andrômeda está se aproximando da Via Láctea, podendo eventualmente colidir com ela. Mas não é preciso temer pelo Apocalipse, pois, segundo cientistas da NASA, isso pode ocorrer daqui a 4 bilhões de anos – até lá o Sol já terá esquentado o suficiente para cozinhar toda a humanidade.

O Universo vive desafiando os nossos instrumentos e fazendo astrofísicos perderem o sono com objetos que testam os modelos que tentam explicar como ele funciona. A exemplo do que fiz com os exoplanetas e as estrelas, separei alguns objetos dessa categoria que nos mostram como o Universo pode ser bem estranho. As 3 galáxias a seguir não deveriam existir.

52
A1689-ZD1

APRESENTO A VOCÊS A GALÁXIA A1689-ZD1. ELA TEM um diferencial: é uma galáxia muito velha em um Universo muito jovem. Ficou em parafuso, né? Vou explicar: quanto mais longe observamos no Universo, mais vemos sobre seu passado. Se eu olhar um objeto que está a 1 bilhão de anos-luz de nós, quer dizer que estou observando como esse objeto era há 1 bilhão de anos no passado.

Pois bem, astrônomos usaram o instrumento X-shooter, montando no VLT, assim como o ALMA, no ESO, para observar uma das galáxias mais jovens e mais longínquas já encontradas, mas a equipe foi surpreendida ao observar um sistema bem mais evoluído do que eles esperavam e com uma quantidade de poeira bem parecida com a de uma galáxia madura, como a nossa. Aliás, essa poeira é importante para a vida, pois contribui para a formação de estrelas, planetas e moléculas complexas. Eles observaram essa galáxia num Universo jovem, com apenas 700 milhões de anos aproximadamente; em outras palavras, quando o Universo tinha 5% de sua idade atual. Era uma época conhecida como reionização, quando as primeiras estrelas passaram a iluminar o Universo pela primeira vez. Os astrônomos esperavam encontrar um sistema recém-formado, mas a A1689-zD1 possui uma rica complexidade química e uma abundante poeira interestelar. Ela é um bebê precoce, pois apresenta elementos químicos mais pesados, os metais. Elas são gerados no interior das

NASA, ESA, S. Rodney (John Hopkins University, USA) and the FrontierSN team; T. Treu (University of California Los Angeles, USA), P. Kelly (University of California Berkeley, USA) and the GLASS team; J. Lotz (STScI) and the Frontier Fields team; M. Postman (STScI) and the CLASH team; and Z. Levay (STScI)

estrelas, que ao morrerem, as espalham pelo espaço. A repetição desse processo por meio de várias gerações de estrelas produzem grande quantidade de elementos pesados, como o carbono, o oxigênio e o nitrogênio.

Os resultados apontam que AI1689-Zd1 gera estrelas consistentemente a uma taxa moderada desde aproximadamente 560 milhões de anos após o Big Bang, ou então passou por algum período extremo e breve de formação de estrelas antes de começar sua fase de declínio na formação estelar.

SE OLHARMOS UM OBJETO QUE ESTÁ A 1 BILHÃO DE ANOS-LUZ DE NÓS, QUER DIZER QUE ESTAMOS OBSERVANDO COMO ESSE OBJETO ERA HÁ 1 BILHÃO DE ANOS NO PASSADO.

53 GALÁXIA BX442

E AGORA VAMOS FALAR DA GALÁXIA BX442, UMA GA-láxia espiral que está a cerca de 10,7 bilhões de anos-luz da Terra, ou seja, ao observá-la, estamos vendo como ela era em uma época em que o Universo tinha aproximadamente 3 bilhões de anos.

Mas qual é o problema com essa galáxia? Bom, ela foi identificada como galáxia espiral, porém galáxias desse tipo são comuns no Universo moderno, quando observamos objetos mais distantes e, portanto, mais antigos. Esse tipo de estrutura espiral começa a ficar cada vez mais rara; galáxias mais antigas são granuladas e onduladas, a maioria delas estão provavelmente passando por fusões, esmagando-se, e suas estrelas geralmente não são confinadas a um disco fino e rotativo.

A BX442 é como um bebê recém-nascido que já sabe falar e ler, e os astrônomos ainda buscam saber o porquê de ela ser tão desenvolvida se comparada a outras de sua idade.

54
GALÁXIA
GN-Z11

E PARA FINALIZAR ESTA LISTA BIZARRA, VAMOS FALAR da galáxia GN-Z11, que é, até o momento, a mais distante já detectada, situada a 13,4 bilhões de anos-luz daqui, apenas 400 milhões de anos após o Big Bang (é importante ressaltar que, para objetos extra-galácticos, dizer que a luz viajou durante 13,4 bilhões de anos não quer dizer que a galáxia esteja a 13,4 bilhões de anos-luz daqui. Tudo isso por causa da expansão do Universo. Durante o tempo que a luz viaja, o Universo cresce e muda tudo, mas mesmo assim essa galáxia está bem longe).

A descoberta dessa galáxia inesperadamente brilhante a uma distância tão grande desafia alguns dos nossos modelos teóricos atuais para a acumulação de galáxias, pois é incomum que uma galáxia tão massiva existisse há apenas 200 milhões ou 300 milhões de anos depois de as primeiras estrelas começarem a se formar, é preciso um crescimento muito rápido, produzindo estrelas a uma taxa enorme, para dar corpo a uma galáxia com 1 bilhão de massas solares tão cedo. Ou seja, segundo os nossos modelos atuais de evolução de galáxias, a BX 442 não deveria existir. E é isso que torna a astronomia fascinante; ela tem todos os elementos de um bom filme, instiga a nossa curiosidade, podemos prever alguns acontecimentos, mas sempre somos surpreendidos por alguma reviravolta.

NASA, ESA, P. Oesch (Yale University), G. Brammer (STScI), P. van Dokkum (Yale University), and G. Illingworth (University of California, Santa Cruz)

Localização da GN-Z11. Imagem obtida pelo telescópio Hubble, NASA.

55
GALÁXIA
NGC 262

MESMO ANDRÔMEDA SENDO 2 VEZES MAIOR QUE A VIA Láctea ela ainda é uma nanica se comparada com algumas galáxias gigantescas já detectadas pelos astrônomos. Entre as gigantes posso citar a NGC 262, localizada a 202 milhões de anos-luz da Terra. O diâmetro desse monstro é de aproximadamente 1,3 milhões de anos-luz (os 220 mil anos-luz de Andrômeda ficaram no chinelo agora, né?). A NGC 262 é cercada por uma gigantesca nuvem de gás de hidrogênio neutro que tem aproximadamente 50 bilhões de massas solares. É feita de cerca de 15 trilhões de estrelas.

56

GALÁXIA IC 1101:

A MAIOR GALÁXIA JÁ DETECTADA

GRANDE MESMO É A IC 1101, QUE DESDE 2011 É CONSI- derada a maior galáxia já detectada no Universo, com um diâmetro de 5,5 milhões de anos-luz. Ela é elíptica a lenticular e aparece com uma coloração amarelo-dourada. A IC 1101 fica na constelação de Serpens e está a mais de 1 bilhão de anos-luz da Terra. Quando falei da Via Láctea, citei que ela pode ter de 200 a 400 bilhões de estrelas, pois bem, a IC 1101 pode ter algo em torno de 100 trilhões.

Acredita-se que ela ficou gigante desse jeito porque "comeu" outras galáxias em um processo que levou bilhões de anos. Os cientistas afirmam que galáxias menores foram atraídas umas pelas outras e colidiram – o Universo é uma grande balada onde as galáxias saem por aí, sentem-se atraídas por outras e... se fundem, olha só que lindo. Esse processo, apesar de longo e árduo, acabou criando uma galáxia exponencialmente gigante, cheia de novos materiais e estrelas no processo.

57 QUASARES

AGORA VAMOS FALAR DE UM OBJETO QUE PODE BRI-lhar mais do que uma galáxia. Sim, isso mesmo que você leu. Esse objeto é o quasar, e seu brilho pode ser 1 milhão de vezes superior ao de uma galáxia. Poderosamente energéticos, eles são os maiores emissores de energia de que se tem conhecimento, e como ainda sabemos pouco sobre sua natureza, eles também são um dos maiores mistérios da astronomia.

Os primeiros quasares foram descobertos por meio de radiotelescópios na década de 1950, como fontes de rádio sem um objeto visível correspondente. Na década de 1960, foram registradas centenas desses objetos e finalmente foi possível observar um deles opticamente. Em 1964, o astrofísico Hong-Yee Chiu atribuiu-lhes o nome de quasares, que significa "quase estelar", no bom e velho português; quase estelar por parecerem estrelas, mas ao mesmo tempo terem um comportamento completamente diferente.

Mais tarde, em 1980, os quasares foram classificados como um tipo de galáxia ativa e chegou-se à conclusão de que seriam a mesma coisa que as radiogaláxias e os blazares (sobre os quais eu irei falar mais adiante), cujas diferenças se baseavam no ângulo de observação delas a partir da Terra.

Os quasares são buracos negros supermassivos que brilham intensamente. Para entender isso, precisamos compreender esse tipo de objeto. Os buracos negros supermassivos, ao contrário dos buracos negros estelares – que podem se formar, juntamente com as estrelas de nêutrons, após a morte de uma estrela com massa superior a 3 massas solares –, têm origem nos primórdios do Universo, mas ainda não existe um consenso de como eles

NASA/ESA/G.Bacon, STScI

se formaram, quando um movimento caótico de matéria formou regiões de alta densidade. A origem desses buracos negros pode ser semelhante à origem das galáxias.

Aliás, é importante ressaltar uma coisa: os quasares situam-se a milhares de milhões de anos-luz de nós, o que significa que estamos vendo algo que aconteceu há milhares de milhões de anos. Um quasar pode muito bem ser uma galáxia em formação, uma visão dos primórdios do nosso Universo, bem diferente do que conhecemos hoje. O fato de todos os quasares estarem longe de nós significa que a formação deles era muito mais frequente no início do Universo do que atualmente.

Nem todos os buracos negros supermassivos dão origem a quasares; na verdade, existe um consenso entre os astrônomos que todas as grandes galáxias possuem um desses buracos negros em seu centro. Como eu já disse, a Via Láctea tem um, mas apenas alguns conseguem emitir uma radiação poderosa o suficiente para serem considerados quasares. Também podem ser formados quasares a partir de novas fontes de matéria. Há, por exemplo, uma teoria que defende que, quando a galáxia de Andrômeda se chocar com a Via Láctea, tal colisão poderá formar um quasar.

Mas, tá legal, agora você sabe o que é um quasar e achou esse objeto deveras interessante e quer tentar observar um. Isso seria possível?

A resposta é sim. Na verdade, os quasares são os objetos mais distantes que um astrônomo pode observar, mas você não pode tentar fazer isso usando um binóculo comprado na loja de R$ 1,99, tem que ter um bom equipamento. Um dos mais fáceis de se observar é o 3C 273.

Esse quasar foi o primeiro identificado pelos astrônomos e pode ser observado na constelação de Virgem. Com uma magnitude aparente de 12,9, esse objeto está situado a aproximadamente 3 bilhões de anos-luz da Terra. O 3C 273 é um dos objetos mais energéticos e ativos conhecidos no Universo, sendo, em média, mais volumoso que mil galáxias, cada uma contendo 100 bilhões de estrelas. Se ele estivesse mais perto de nós, por exemplo, a "apenas" 33 anos-luz, poderíamos vê-lo tanto durante o dia quanto durante a noite, tão ou mais brilhante que o Sol.

58 BLAZARES

OS BLAZARES, NOME ESSE QUE ME LEMBRA ALGUM tipo de roupa, são objetos celestes que possuem uma fonte extremamente compacta e variável de energia associada a uma singularidade gravitacional, mais conhecido como buraco negro – neste caso, supermassivo –, residente no centro de uma galáxia ativa. O blazar é vítima de um dos eventos mais violentos do Universo e é um dos pilares mais importantes da astronomia extragaláctica.

Um blazar é uma espécie de quasar extremo. Esse corpo altamente energético emite jatos de raios gama e outras variações de radiação eletromagnética.

Seu nome surgiu no final dos anos 1970 durante uma conferência na cidade de Pittsburg, nos Estados Unidos, cujo objetivo foi a troca de informações e maior compreensão da nova categoria de objetos BL Lac – um tipo de galáxia com núcleo muito ativo, sendo por consequência uma galáxia ativa. Foi proposto pelo físico Edward Spiegel durante um jantar da conferência, que quasares OVV (sigla em inglês para Optically Violently Variable Quasar, um tipo de quasar muito variável) e os BL Lacs tinham tantas propriedades observacionais em comum que eles deveriam ser agrupados em uma única categoria chamada "blazar". O nome, presumidamente, provém de uma mistura de "BL", de BL Lac, e "azar", de quasar, em que o S foi substituído por Z (tipo aqueles pais que, emocionados com a chegada de um filho, o batizam com um nome fruto da mistura de seus nomes, por exemplo: José + Marlene = Josilene). A palavra blazar remete à descrição de suas mudanças dramáticas e comportamentais de sua luminosidade (*flaring*). O nome acabou pegando, sendo usado pela comunidade científica no estudo de galáxias ativas. Isso nos mostra mais uma vez que temas de unificação têm evoluído através de classificações, observações e também reclassificações.

Hoje o blazar é definido como um objeto detentor de uma emissão em feixe que parte de um jato relativístico, alinhado de uma forma um tanto grosseira na direção de linha de visada do observador. A emissão sincrotron e feixe oriundo desse jato domina o rádio pelo espectro infravermelho.

UM BLAZAR É UMA ESPÉCIE DE QUASAR EXTREMO. ESSE CORPO ALTAMENTE ENERGÉTICO EMITE JATOS DE RAIOS GAMA E OUTRAS VARIAÇÕES DE RADIAÇÃO ELETROMAGNÉTICA.

59 BURACOS BRANCOS

AGORA VOU FALAR DE UM OBJETO HIPOTÉTICO, MAS que vale muito a pena ser mencionado, pois ele é muito interessante e garanto que você vai concordar comigo.

O buraco branco é considerado o oposto do buraco negro. Enquanto os buracos negros não deixam escapar nada que ultrapasse seu horizonte de eventos, os buracos brancos são erupções de matéria e energia e nada pode entrar neles.

Os buracos brancos são uma solução teórica para as leis estipuladas pela relatividade geral. A lei diz que já que temos buracos negros no Universo, então pode ser que ele abrigue buracos brancos também, uma vez que é um buraco negro ao contrário.

Espera-se que eles tenham gravidade, por isso eles atraem objetos, mas qualquer coisa em rota de colisão com um buraco branco nunca irá alcançá-lo.

Teoricamente, se você se aproximasse de um buraco branco em uma espaçonave, você seria inundado por uma quantidade colossal de energia, o que provavelmente destruiria a sua nave. Mesmo que a sua nave espacial pudesse resistir a raios gama, a luz em si começaria a diminuí-la, como a resistência do ar, abrandando um veículo em movimento na Terra.

E mesmo que a nave espacial fosse construída de modo a não ser afetada pela emissão de energia, o espaço-tempo seria muito estranho em torno de um buraco branco, e aproximar-se de um buraco branco seria como subir a colina. A aceleração necessária aumentaria cada vez mais, enquanto você se moveria cada vez menos. Não haveria energia suficiente no Universo para levá-lo para dentro.

Por um tempo os astrofísicos acreditavam que a matéria que caía no interior de um buraco negro aparecia em um outro Universo, por meio de um buraco branco, ou seja, o buraco branco seria um portal para outro Universo! Isso seria algo incrível, eu sei, porém essa teoria parte do princípio de que existem outros Universos além do nosso, só que até hoje a existência desses outros Universos não foi comprovada.

Por serem as contrapartes dos buracos negros, os buracos brancos também seriam formados por uma singularidade gravitacional. Singularidade é uma característica em um ponto no espaço-tempo em que o campo gravitacional se torna infinito e a matemática se torna insuficiente para tentar explicá-la. Os valores infinitos na física são, geralmente, uma indicação de partes faltantes em uma teoria, por isso não é surpreendente que a mecânica quântica e a relatividade lutem para explicar os detalhes mais finos das singularidades.

Vários fenômenos se apresentaram como buracos negros. Eles são geralmente escolhidos por serem objetos misteriosos que não conseguimos explicar em detalhes. Explosões de raios gama, pulsares e buracos negros que atingem o fim de sua existência foram considerados, já se especulou até se o próprio Big Bang era um buraco branco.

Mas até agora nenhum buraco branco foi observado diretamente, e mesmo a sua existência teórica é questionada. Parece que os buracos brancos são usados como uma classificação provisória até que uma explicação melhor apareça. Com o perdão do trocadilho: é um buraco tapa buraco.

Imaginar o Big Bang como sendo um buraco branco é prova disso.

ESA Euronews: Echoes from the Big Bang

Enquanto estávamos incertos sobre o tamanho do Universo, havia especulações de que o cosmos era produzido por um buraco branco muito maior do que podemos ver com nossos equipamentos. Agora sabemos que o Universo é provavelmente infinito, o que faz com que a explicação do buraco branco caia.

Singularidades, como a que existe em buracos negros, não podem ser observadas de forma direta, pois a velocidade de escape (a velocidade necessária para poder escapar de sua gravidade) é superior à velocidade da luz; sendo assim, nada consegue escapar dela. A singularidade é blindada por um horizonte de eventos, aquele limite do qual não tem volta. Segundo a matemática, quando temos uma situação de singularidade, o espaço-tempo fica quebrado. Para contornar essa questão, os horizontes de eventos entraram na equação.

Uma singularidade nua não tem horizontes de eventos "vestindo-a". Segundo os princípios fundamentais da relatividade geral, não existe lugar no Universo para singularidades nuas. O conceito é comumente chamado de hipótese de censura cósmica. As simulações numéricas, juntamente com teorias mais recentes da gravidade quântica, porém, apontam para a possibilidade de singularidades nuas.

Uma coisa curiosa acontece quando tentamos descrever as propriedades de um buraco negro usando uma abordagem na mecânica quântica, que subtrai a gravidade. Se você observa um buraco negro para trás e para a frente simultaneamente, ele se comporta de maneira idêntica e permanece sendo um buraco negro. Este não é o choque mais relevante entre as teorias quânticas e relatividade, mas é bem importante.

A restrição mais importante é a entropia – uma medida de desordem de um sistema, uma grandeza física que está relacionada com a segunda lei da termodinâmica e que tende a aumentar naturalmente no Universo. A entropia local poderia diminuir; por exemplo, uma geladeira diminui a entropia da água, convertendo-a em gelo, mas motores congelados geram muito calor, então a entropia em sua totalidade está aumentando.

Os buracos brancos diminuem a entropia, o que é uma prova fundamental contra a sua existência. No Universo, obedecemos à lei da termodinâmica. E, até agora, não foram observadas violações nessa lei.

Então, qual é o futuro dos buracos brancos?

Esse objeto, mesmo sendo hipotético, fascina as pessoas e nos dá até uma sensação de equilíbrio cósmico (sem contar a possibilidade de encontrar outros Universos). As pessoas continuarão a estudá-los. Na verdade, várias características da relatividade geral, como os próprios buracos negros, por exemplo, foram considerados uma curiosidade teórica até serem confirmados. Não há evidências que apontem para a existência de buracos brancos, mas talvez o nosso vasto e complicado Universo tenha espaço para eles.

O BURACO BRANCO É CONSIDERADO O OPOSTO DO BURACO NEGRO. ENQUANTO OS BURACOS NEGROS NÃO DEIXAM ESCAPAR NADA QUE ULTRAPASSE SEU HORIZONTE DE EVENTOS, OS BURACOS BRANCOS SÃO ERUPÇÕES DE MATÉRIA E ENERGIA, E NADA PODE ENTRAR NELES.

60 MATÉRIA ESCURA

UM DOS ASSUNTOS MAIS PEDIDOS no meu canal no YouTube é a matéria escura, talvez pelo fato de não sabermos ao certo o que ela é – as pessoas adoram um mistério, bom, quem é que não gosta, né? A matéria escura é um dos constituintes do Universo que os astrônomos sabem que existe, mas ainda não sabem exatamente o que é.

NASA

A MATÉRIA ESCURA É INVISÍVEL. NA IMAGEM VEMOS A COLISÃO DE AGLOMERADOS ESTELARES, EVENTOS COMO ESSE PODEM NOS FORNECER INFORMAÇÕES SOBRE A MATÉRIA ESCURA.

Uma coisa importante a salientar é que o termo "matéria escura" é usado na astronomia para designar um monte de coisa, como estrelas que morreram (que não brilham mais), planetas, asteroides etc. que se desgarraram e não refletem mais o brilho das estrelas hospedeiras (como o Oumuamua), estrelas muito fracas que não somos capazes de detectar, nuvens de gás e poeira etc. Um termo mais correto para tratar o assunto deste tópico seria "matéria escondida".

Sabemos de sua existência e detectamos sua presença por causa da interação gravitacional com outros corpos. E é escura, pois não a vemos. Todas as observações de corpos no espaço são feitas a partir da luz ou de outro tipo de radiação eletromagnética emitida ou refletida pelos astros. Como essa "matéria escondida" em geral não emite luz, ela acaba sendo "invisível" para os nossos instrumentos. Ainda assim sabemos que ela está lá. Na década de 1930, Fritz Zwicky, um astrônomo húngaro, pegou algumas galáxias e calculou suas massas. Enquanto fazia isso, ele notou que elas eram 400 vezes maiores do que sugeriam as estrelas observadas.

A diferença está justamente na massa da matéria escura. E, convenhamos, era muita diferença! Pelas contas do professor Fritz, você deve ter percebido que ela não é apenas um detalhe na composição do Universo, mas, sim, seu principal ingrediente. Atualmente calcula-se que ela corresponde a cerca de 23% do Universo, atrás da energia escura (73%) e a frente da matéria normal (4%), que constitui planetas, estrelas, eu, você e assim por diante. É como se todas as galáxias que conhecemos atualmente fossem apenas algumas gotas de chocolate no grande chocotone que é o Universo (olha o chocolate de novo).

No começo dos anos 1960, uma astrofísica chamada Vera Rubin iniciou um estudo sobre as galáxias. Ela teve a ajuda de seu colega Kent Ford e, com ele, estudou a distribuição de massa da nossa vizinha, a galáxia de Andrômeda, por meio de análise das velocidades de órbitas das estrelas e dos gases ali presentes, como também as diferentes distâncias em relação ao centro galáctico. A dupla se surpreendeu ao notar que as velocidades não obedeciam à teoria de Isaac Newton e que as estrelas mais afastadas do centro eram tão velozes quanto as próximas. Na década seguinte, ao analisar outras galáxias, Vera Rubin descobriu que alguma coisa além da massa observável influenciava o movimento das estrelas: a matéria escura. Vera Rubin confirmou o que Fritz Zwicky havia proposto em 1933.

Existem algumas teorias sobre o que seria essa porção misteriosa da matéria escura, a mais provável é que ela seja feita de partículas subatômicas diferentes de nêutrons, prótons e elétrons e que ainda não foram detectadas pelos instrumentos atuais de medição.

GRÁFICO MOSTRANDO DO QUE É COMPOSTO O UNIVERSO

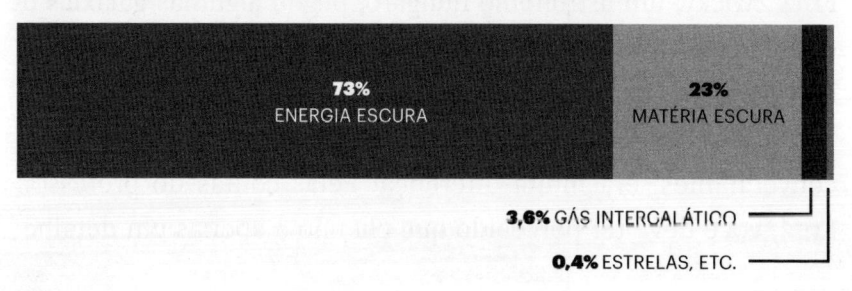

| 73% ENERGIA ESCURA | 23% MATÉRIA ESCURA |

3,6% GÁS INTERGALÁTICO
0,4% ESTRELAS, ETC.

COMO ESSA "MATÉRIA ESCONDIDA" EM GERAL NÃO EMITE LUZ, ELA ACABA SENDO "INVISÍVEL" PARA OS NOSSOS INSTRUMENTOS.

61 ENERGIA ESCURA

DEPOIS DE CITAR A MATÉRIA ESCURA, agora terei que falar da energia escura, se não ficarei com fama de entregar o serviço pela metade.

A energia escura é uma forma hipotética de energia que foi proposta para explicar alguns fenômenos gravitacionais – e, até onde sabemos, são coisas distintas.

Basicamente, a teoria atual não consegue explicar a expansão acelerada do Universo. Na segunda metade do século XX, quando as teorias da origem e expansão do Universo já estavam bem estabelecidas, a pergunta que surgiu foi: O Universo se expandirá eternamente (mesmo com alguma desaceleração)? Ou será que essa expansão cessará em algum momento, dando início a uma contração do Universo?

Essa era uma peça que faltava para a compreensão da natureza evolutiva do Universo; precisaríamos saber a quantidade de matéria presente nele, e, como acabei de falar, não podemos ver nem imaginar como ela é. Recentemente tivemos mais um pepino para resolver, pois se observou que a expansão nem sequer está diminuindo. Pelo contrário, ela está acelerando. Como podemos explicar essa aceleração se sabemos que a interação gravitacional entre a matéria existente deveria abraçá-la?

O "escuro" em seu nome existe porque essa energia deve interagir muito fracamente com a matéria, como a matéria escura, e é chamada de energia porque uma das coisas de que estamos certos é que ela contribui com cerca de 70% da energia total do Universo. Se descobrirmos o que é, podemos então trocar seu nome para algo menos misterioso.

NASA

Não vemos a energia escura, e sim a colisão de galáxias, um evento que pode nos ajudar a entender a energia escura.

Uma hipótese bastante aceita na comunidade científica é a que diz que o Universo é preenchido por uma grande quantidade de energia quântica de ponto zero, e essa energia exerce uma pressão negativa, uma tensão, que resulta numa repulsão gravitacional no espaço-tempo. Isso é chamado de "constante cosmológica", idealizada por Einstein em um outro contexto, a qual ele considerava seu maior erro.

Qual é a influência da energia escura no Universo atual? É atribuído a ela a aceleração cósmica e astrônomos do mundo todo trabalham para aprimorar as formas de medir essa aceleração. A partir dela poderemos julgar a constante cosmológica de Einstein e ter um provável entendimento da teoria fundamental da natureza – a gravidade quântica e o estado quântico do Universo –, sem contar o destino do próprio, que pode acabar em um Big Chill: teoria que prediz que em um futuro muito distante o Universo ficará praticamente sem processos de energia capazes de sustentar movimento/trabalho e consequentemente a vida. É como se o Universo atingisse a entropia máxima. Outro nome para isso é "morte térmica do Universo". Outro provável destino é o Big Rip, uma teoria que diz que se a expansão do Universo atingir uma velocidade acima do nível crítico, haverá o deslocamento de todos os tipos de matéria e, então, as galáxias ficarão isoladas uma das outras e, em seguida, após alguns bilhões de anos, os próprios átomos se desintegrarão. Além dessas, temos outras hipóteses para descrever como poderá ser o fim do Universo (isso se ele tiver um fim).

Apesar de nomes semelhantes, matéria escura e energia escura são muito diferentes. A matéria escura atrai e a energia escura repele, ou seja, a matéria escura é usada para explicar uma atração gravitacional maior que o esperado, enquanto a energia escura é usada para explicar uma atração gravitacional negativa.

É de grande importância investigar se os fenômenos atribuídos à matéria escura (e também à energia escura) podem ser explicados gravitacionalmente. Talvez a relatividade geral seja limitada para explicar as leis que comandam a gravidade, é uma possibilidade; o problema é que até o momento a relatividade geral não deu nenhuma bola fora e sempre venceu quando foi submetida a algum teste. E teorias gravitacionais alternativas, como a Gravitação Newtoniana Modificada (MOND, na sigla em inglês) não conseguem explicar comportamentos exóticos observados em imagens recentes de aglomerados.

Vamos esperar que nossos equipamentos de medição fiquem mais precisos, quem sabe um dia teremos a resposta para esse mistério?

62 BURACOS DE MINHOCA

DEPOIS DE FALAR SOBRE O BURACO
branco, podemos partir para outro objeto hipotético. Esse objeto anda bem famoso por causa da cultura pop e de filmes e séries como *Interestelar*, *Donnie Darko* e, mais recentemente, a série alemã *Dark*. Estou me referindo ao buraco de minhoca, ou ponte de Einstein-Rosen.

A teoria foi desenvolvida por Albert Einstein e Nathan Rosen, que acreditavam ser possível realizar viagens até pontos distantes do Universo por meio de buracos que atuam como portais

Imagine buracos no Universo que servissem como portais, que nos permitissem viajar para pontos muito distantes dentro do espaço-tempo. Isso foi imaginado por Albert Einstein e Nathan Rosen, que elaboraram essa teoria. Ela se apoia na teoria da relatividade geral, que defende que toda massa curva o espaço-tempo. Imagine que o espaço-tempo é como um tecido forrando uma cama: ao colocar uma melancia no meio dessa cama, seu peso afundará o local onde ela ficou; então, coloque algumas bolas de gude em uma região próxima de onde a melancia está e elas acabarão caindo na deformação que o peso da melancia fez no tecido sobre a cama, indo até a direção dela. O espaço-tempo se comporta de maneira semelhante, algo que já foi observado pelos cientistas. Objetos com muita massa (e com muita gravidade) deformam o espaço-tempo, atraindo objetos menores em sua direção.

Na teoria do buraco de minhoca, você poderia "dobrar" o espaço-tempo com tanta força que 2 pontos compartilhariam a mesma localização física. Se você pudesse manter a coisa toda estável, conseguiria separar cuidadosamente as 2 regiões do espaço-tempo, de modo que elas continuem no mesmo local, mas separadas pela distância que você necessita. Eles poderiam conectar um buraco negro a um buraco branco.

Mas, apesar de ser previsto pela relatividade geral, nunca detectamos um, e mesmo que se confirme sua existência, teríamos que nos preocupar com os perigos de colapso repentino, alta radiação e contato perigoso com a matéria exótica antes de nos aventurar a entrar em um.

NA TEORIA DO BURACO DE MINHOCA, VOCÊ PODERIA "DOBRAR" O ESPAÇO-TEMPO COM TANTA FORÇA QUE 2 PONTOS COMPARTILHARIAM A MESMA LOCALIZAÇÃO FÍSICA.

63
BURACOS
NEGROS
SUPERMASSIVOS

COMO PROMETIDO NO COMEÇO deste livro, vou falar dos buracos negros supermassivos. Eles são monstros gravitacionais imensos, que residem no núcleo das galáxias. Os buracos negros supermassivos são detectados pela influência gravitacional que exercem sobre as estrelas e também em nuvens de gás em sua vizinhança. Mesmo antes de serem detectados gravitacionalmente, sua presença já havia sido deduzida pelas enormes quantidades de energia que emanam do núcleo de galáxias ativas, como os já citados quasares. Nesses objetos, a potência luminosa, muitas vezes, ultrapassa a potência combinada de todas as estrelas da galáxia, o que indica a presença de uma fonte de energia não estelar.

O que acontece é que os buracos negros supermassivos são uma eficiente "máquina" de produzir energia através da transformação da energia potencial gravitacional da matéria que cai dentro dele em luminosidade e energia cinética de jatos e ventos produzidos em um disco de acreção.

A massa de buracos negro estelares geralmente são de 5 a 10 vezes a massa do Sol; já os buracos negros supermassivos têm massas que variam de 1 milhão a 1 bilhão de vezes a massa do Sol, são objetos de escala estupidamente grande mesmo. O telescópio Hubble observou um movimento coletivo de estrelas no núcleo das galáxias próximas da Via Láctea. Com essa informação, os astrônomos chegaram à conclusão de que a maioria das galáxias que contêm um bojo estelar (estrutura esferoidal localizado no centro das galáxias), como as galáxias espirais e elípticas, possuem um buraco negro supermassivo no centro.

Por volta do ano 2000, concluiu-se que a massa de um buraco negro supermassivo central é proporcional à massa do bojo, sendo da ordem de 1 milésimo de seu valor, o que levou à conclusão de que os buracos negros supermassivos evoluem juntamente com as galáxias: à medida que o bojo cresce, o buraco negro central também cresce.

Uma galáxia é considerada ativa quando o buraco negro supermassivo no seu centro está se "alimentando". Já sabemos que isso se dá por meio de um disco de acreção, mas ainda não conhecemos bem a estrutura desses discos, nem como a matéria chega até o centro da galáxia para alimentar o disco.

E você deve estar se perguntando: "Mas e o Sagittarius A*, o buraco negro supermassivo central de nossa galáxia, ele está ativo? Oferece algum risco para a Terra?".

Embora astrônomos tenham testemunhado uma pequena atividade no Sagittarius A* usando o Observatório de raios X Chandra e outros telescópios ao longo dos anos, esse buraco negro apresenta um nível muito baixo de atividade. Se a Via Láctea segue tendências verificadas no levantamento de pesquisa ChaMP, Sagittarius A* deverá ser cerca de 1 bilhão de vezes mais brilhante na emissão de raio X durante aproximadamente 1% do tempo de vida restante do Sol (uns 5 ou 6 bilhões de anos). No entanto, provavelmente, tal atividade deve ter sido mais comum no passado distante.

Mas não temos motivos para temer a possibilidade de o Sagittarius A* se tornar um AGN (sigla em inglês para Active Galactic Nucleus), a nossa breve existência não estaria ameaçada. Porém, testemunharíamos um belo espetáculo de raio X e ondas de rádio. Entretanto, os mundos próximos do centro da galáxia, ou que estão diretamente na linha de fogo, não teriam a mesma sorte: eles receberiam grandes quantidades potencialmente danosas de radiação.

Os buracos negros supermassivos são fantásticos geradores de energia, transformando em potência luminosa e mecânica toda matéria que, ocasionalmente, caia dentro deles. O Universo nos permite observar esses "geradores" em ação e, assim, obter estimativas de sua eficiência e seu papel na evolução do Universo.

Ainda há muito a descobrir sobre eles. Já sabemos como medir sua massa, observamos a energia emitida e estamos aprendendo a medir também o seu spin. Para isso, precisamos de novos instrumentos, com mais resolução espacial, para podermos resolver o seu entorno, bem como instrumentos sensíveis a altas energias, como raios X e gama, para medir o spin (momento angular). Também precisamos entender melhor a sua evolução, observando os confins do Universo, onde (e quando) eles foram formados, o que só será possível com novos instrumentos, maiores e mais sensíveis.

Robin Dienel/Carnegie Institution for Science, NASA

64
O BIG BANG

DEPOIS DE TANTO CITÁ-LO, eu não poderia deixá-lo de fora, né? Apesar de muitos optarem por negá-lo, existem evidências bem fortes que nos dizem que o Big Bang aconteceu de fato. Nas próximas linhas, comentarei algumas delas.

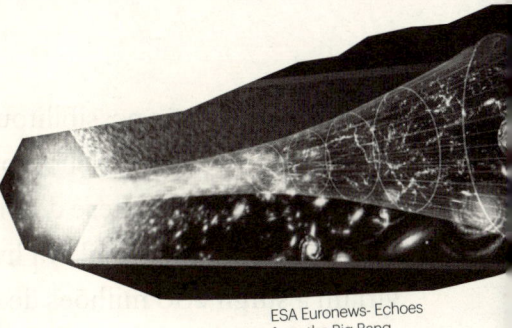

ESA Euronews- Echoes from the Big Bang

Como visto nas páginas anteriores enquanto eu explicava sobre os buracos negros de massa estelar, em 1912, Vesto Slipher calculou a velocidade e a direção de algo que ele chamava de "nebulosas em espiral" medindo a mudança do comprimento da onda de luz proveniente delas. Ele percebeu que a maioria delas estava se afastando de nós. Agora sabemos que esses objetos eram, na verdade, galáxias. Porém, séculos atrás, os astrônomos acreditavam que essas vastas aglomerações de estrelas estavam dentro da Via Láctea. Então, em 1924, Edwin Hubble descobriu que essas galáxias estavam realmente fora da Via Láctea. Ele observou um tipo especial de estrela variável que tem uma relação direta entre a produção de energia e o período de variação do brilho. Ao encontrar essas estrelas variáveis em outras galáxias, ele conseguiu calcular o quão longe estavam. Hubble descobriu que todas essas galáxias estão fora da Via Láctea, a milhões de anos-luz de distância. Então, se essas galáxias estão longe e se afastando rapidamente de nós, isso sugere que todo o Universo esteve localizado em um único ponto há bilhões de anos.

Outra evidência que sustenta o Big Bang é a abundância de elementos que vemos ao nosso redor. Nos primeiros momentos após o Big Bang não havia nada além de fótons, elétrons, quarks – enfim, partículas elementares. Com a expansão, o Universo foi se resfriando, o que possibilitou a formação de muitos núcleos de hidrogênio, poucos de hélio e pouquíssimos de lítio. Isso é conhecido como nucleossíntese do Big Bang, ou nucleossíntese primordial. Esse gás primordial era livre de elementos pesados, que só viriam a surgir 200 milhões de anos depois, com o aparecimento das primeiras estrelas e galáxias. Atualmente encontramos gases com elementos pesados, que foram cunhados no interior das estrelas, mas, à medida que os astrônomos olham para o passado do Universo e medem o índice de hidrogênio, de hélio e de outros oligoelementos, notam a ausência de elementos pesados, ao contrário do que seria de se esperar se todo o Universo fosse uma estrela gigante, como previsto pela relatividade.

A radiação cósmica de fundo é mais um dos principais pilares que sustentam o Big Bang. Nos anos 1960, Arno Penzias e Robert Wilson estavam experimentando um radiotelescópio de 6 metros e descobriram uma emissão de rádio de fundo que chegava de todas as direções do céu, dia ou noite. Eles relataram que o céu inteiro mediu alguns graus acima do zero absoluto. As teorias previam que após o Big Bang haveria uma tremenda liberação de radiação. E agora, bilhões de anos depois, essa radiação se movia tão rapidamente que o seu comprimento de onda seria deslocado da luz visível para a radiação de fundo em micro-ondas que vemos hoje. A radiação cósmica de fundo é a radiação de quando o Universo tinha apenas 400 mil anos, é um eco de quando o Universo ainda era muito denso e quente.

E por fim, outra evidência de que o Big Bang de fato aconteceu é a formação das galáxias e das estruturas de grande escala no cosmos. Cerca de 10 mil anos após o Big Bang, o Universo esfriou até o ponto em que a atração gravitacional da matéria era a forma dominante de densidade de energia do Universo. Esta massa foi capaz de reunir as primeiras estrelas, as galáxias e, consequentemente, as estruturas de grande escala que vemos no Universo hoje.

Essas 4 evidências são conhecidas no meio cientifico como sendo os 4 pilares da teoria do Big Bang, 4 evidências independentes que sustentam uma das teorias mais condizentes com as nossas observações do Universo. Se elas não bastam para te convencer eu posso oferecer outras evidências, como o porquê de não vermos nenhuma estrela com mais de 13,8 bilhões de anos de idade, as descobertas da matéria e da energia escura, além das curvas de luz de supernovas distantes. Então, não é possível referir-se ao Big Bang como sendo "só uma teoria", podemos considerá-la da mesma forma que consideramos a gravidade, a relatividade geral e a evolução. Nossos instrumentos de observação e medição vão encontrando cada vez mais evidências que refinam a nossa compreensão sobre como o Universo funciona, e a teoria do Big Bang tem se beneficiado dessas descobertas, se fortalecendo no meio científico. Mas o Big Bang não coloca um ponto final em interpretações mais espirituais e filosóficas que cercam o questionamento sobre o início do Universo. Como sempre ressalto em meus textos para o canal: a ciência não é feita de convicções. O Big Bang é fruto de nossas observações, até onde nossos instrumentos permitem, sobre como o Universo evoluiu até aqui.

Agora volto a uma questão: quando foi que o nada se tornou tudo? Houve um começo para a existência? A cosmologia trabalha atrás dessa resposta, e é natural querer saber de onde viemos. Enquanto para alguns o ato de respirar é tão automático que nem se dão conta, outros querem respostas do porquê de tudo ser como é. E estudar os corpos celestes é uma maneira de estudar nós mesmos, pois como você acabou de ler, já fomos bem íntimos das galáxias, como gêmeos que dividem o mesmo útero.

Por estarem se afastando uns dos outros, pela lógica, um dia tudo o que vemos no Universo estava bem junto e compactado. Essa é a base para a teoria do Big Bang, e por enquanto é a melhor resposta que temos. O Big Bang aconteceu, temos evidências disso, mas será que ele foi o início de tudo? Ou ele deu continuidade a outro processo já existente? Uma equipe de pesquisadores sugere que o Big Bang, na verdade, não foi o início de tudo; em vez disso ele se expandiu novamente depois de se contrair totalmente, o que daria força para a teoria do Big Bounce, elaborada há mais de 100 anos, segundo a qual, ao contrário do Big Bang, o Universo nasceu de uma grande expansão a partir de um ponto extremamente denso.

O Big Bounce propõe que o Universo está em constante expansão e contração – ele seria o pulmão, se expandindo até atingir um tamanho máximo, para em seguida se contrair, voltando ao ponto original. Cada "respiração" reiniciaria o processo. Mas esse modelo tem um problema: como o Universo faria a contração para expansão uma vez que ele estivesse totalmente "esvaziado"? Ainda na analogia com o pulmão, ele se sufocaria se ar. O novo estudo tentou resolver essa questão usando física quântica. Quando o Universo está em seu menor ponto, ele é governado pela mecânica quântica, em vez da física clássica que rege o Universo macro, das coisas grandes. Nessa pequena escala, o Universo seria salvo da destruição porque os efeitos da mecânica quântica, em essência, evitam que as coisas se quebrem e se separem. Para chegar a essa conclusão, a equipe construiu um modelo de computador que simula como o Universo pode ter evoluído ao longo do tempo. Eles descobriram, usando a mecânica quântica, que o Universo poderia ter se ampliado a partir de um único ponto mesmo com a quantidade mínima de ingredientes, radiação e um pouco de matéria, presente no momento.

Enquanto o atual modelo explica como o Universo pode fazer a transição entre expansão e contração, a equipe ainda precisa determinar se ele pode eventualmente produzir objetos dentro do Universo, como galáxias, estrelas, planetas, eu e você. Se a teoria do Big Bounce ganhar força, em uma escala cósmica, nossa existência seria como um sopro para dentro do peito do Universo.

65
O BOSS GREAT WALL:
A MAIOR ESTRUTURA JÁ DETECTADA NO UNIVERSO

QUAL SERÁ A MAIOR ESTRUTURA DO UNIVERSO? UMA galáxia? Um buraco negro supermassivo? Nenhum deles. A maior estrutura já detectada no Universo é o BOSS Great Wall, um aglomerado de 830 galáxias descoberto por uma equipe do Instituto de Astrofísica das Ilhas Canárias.

A estrutura possui 1 bilhão de anos-luz de diâmetro – esse agrupamento é 10 mil vezes maior que a Via Láctea! Ela é conectada por gases e, graças à gravidade, seus componentes se agitam e se movimentam em conjunto pelo vácuo do espaço. Essa estrutura se encontra a cerca de 4,5 a 6,5 bilhões de anos-luz da Terra. Alguns cientistas contestam o fato de o BOSS Great Wall ser a maior estrutura já encontrada no Universo, argumentando que esses superaglomerados não estão realmente conectados. Em vez disso, possuem lacunas mais ou menos ligadas por nuvens de gás e poeira. Mas esse tipo de discussão sempre ocorre quando tais objetos são encontrados; no final das contas, os argumentos parecem resumir-se a definições pessoais do que constitui uma estrutura singular, com a maioria dos pesquisadores concordando que tais aglomerados são uma coisa só. Contudo uma coisa é certa: dá um nó na cabeça tentar calcular o tamanho desse aglomerado.

E é com esse objeto monstruoso que finalizamos nossa viagem pelo Universo. Nesta jornada você viu que somos menores do que um pixel nessa gigantesca imagem em HD que é o cosmos. Notou que, mesmo que nossos instrumentos tenham possibilitado a descoberta de outros mundos que podem potencialmente abrigar vida, como Proxima B, a Terra é o melhor lugar para receber a vida que conhecemos e, apesar de pequena e insignificante perto de objetos enormes como galáxias e buracos negros, é o lugar mais especial deste Universo, pois é a nossa casa. Por mais que um dia seja possível colonizar outros planetas (em uma visão bem otimista, pois levando em consideração a forma desenfreada com que estamos acabando com os nossos recursos, pode ser que não cheguemos tão longe), nenhum deles será tão convidativo para nós quanto este.

Estamos vagando junto com ela pelo grande vazio, perdidos e tentando nos localizar dentro do tempo e do espaço, caímos de paraquedas na existência, e as regras dela estão decodificadas pela natureza. Passamos séculos juntando cada símbolo desse código tentando dar sentido à linguagem que o Universo fala. Se teremos tempo para entender as regras do jogo eu não sei, ou será que já as entendemos? Pois, segundo Albert Einstein, o passado, o presente e o futuro coexistem; então tudo o que fomos, somos e seremos já existe no tecido do espaço-tempo.

Estamos inseridos em um filme cósmico com começo, meio e fim. Nossa consciência é o olho do espectador assistindo a esse longa-metragem que, no momento, está em seus 13,8 bilhões de anos de duração. Ao menos do nosso ponto de vista, somos os protagonistas e cabe a nós absorver as melhores informações, fazer as melhores escolhas, tornar o "roteiro" do nosso papel mais encorpado, evitando ser um mero figurante na obra. Podemos contribuir para que pelo menos a nossa participação tenha um desfecho feliz, ou pode ser que já tivemos, em algum lugar do espaço-tempo...

AGRADECIMENTOS

QUERO AGRADECER AOS MEUS PROFESSORES KIZZY Resende (que além de saber muito sobre as estrelas, domina as técnicas do malabares, algo que a minha coordenação motora dificilmente me permitirá), Regina Auxiliadora Atulim e Eder Canalle.

Também gostaria de agradecer a algumas pessoas com quem tive conversas relacionadas ao cosmos que expandiram meus horizontes, dentre eles o professor João Canalle, que, além de ter me agregado muito conhecimento, é uma inspiração na divulgação científica com o seu belíssimo trabalho com a Olimpíada Brasileira de Astronomia (OBA), e o astrofísico Gustavo Rojas, que sempre me auxiliou e dedicou parte de seu tempo (que sei que é valioso) para me ajudar, fosse ensinando ou aconselhando. Agradeço também ao presidente da Sociedade Astronômica Brasileira (SAB), Reinaldo de Carvalho, por confiar no meu trabalho e me prestar uma assessoria muito importante para dar credibilidade ao conteúdo que faço na internet. E agradeço à minha assessora Juliana Gongora, pois sem ela eu não teria conhecido esse pessoal todo da astronomia.

Quero agradecer ao professor Ramachrisna Teixeira, astrofísico e diretor do Observatório Abrahão de Morais, em Valinhos, no interior de São Paulo. Ele foi designado pela SAB para revisar meus roteiros para os vídeos no canal e também revisou cada página deste livro, me ajudando quando tive dúvidas ou quando me equivoquei. Foi um processo de criação durante o qual aprendi muito. Seria muito difícil concluir este livro sem a ajuda do professor Rama, ao qual sempre serei muito grato.

E quero deixar um agradecimento especial à minha esposa Beatriz Cequine, que teve paciência comigo durante a estressante jornada que foi escrever cada linha que vocês leram. Ela me deu o suporte emocional necessário para que eu não entrasse em colapso, assim como as estrelas que descrevi nesta obra. Segurou as pontas nos bastidores do meu canal no YouTube, responsabilizando-se por toda a sua reformulação visual, me deixando livre para trabalhar neste livro, e foi essencial para que eu tivesse a confiança necessária para me aventurar por outras mídias.

FONTES

A VIA Láctea. Disponível em: <http://blogdeastronomia0012.blogspot.com.br/2015/12/a-via-lactea.html>. Acesso em: 20 jun. 2018.

AGORA é oficial: somos feitos de poeira de estrela. Disponível em: <http://revistagalileu.globo.com/Ciencia/noticia/2017/01/agora-e-oficial-somos-mesmo-feitos-de-poeira-de-estrela.html>. Acesso em 20 jun. 2018.

ALMA OBSERVATORY (EUA). *Alma Investigates "DeeDee", a distant, dim member o four Solar System*. Disponível em: <http://www.almaobservatory.org/en/press-room/press-releases/1155-alma-investigates-deedee-a-distant-dim-member-of-our-solar-system>. Acesso em: 20 jun. 2018.

ARRUDA, Felipe. *Astrônomo revela qual estrela é orbitada pelo planeta do Superman*. Disponível em: <https://www.tecmundo.com.br/quadrinhos/32297-astronomo-revela-qual-estrela-e-orbitada-pelo-planeta-do-superman.htm>. Acesso em: 20 jun. 2018.

ASTEROIDE de 5 km vai passar "raspando" na Terra antes do Natal. Disponível em: <http://www.bbc.com/portuguese/geral-42145694?ocid=socialflow_twitter>. Acesso em: 20 jun. 2018.

BERGMANN, Thaisa Storchi. *Buracos negros supermassivos: os monstros que se escondem no centro das galáxias*. Disponível em: <http://cienciaecultura.bvs.br/scielo.php?script=sci_arttext&pid=S0009-67252009000400013#f1>. Acesso em: 20 jun. 2018.

BLAZAR. Disponível em: <https://pt.wikipedia.org/wiki/Blazar>. Acesso em: 20 jun. 2018.

BORGES, CLAUDIA. *Saiba fatos e curiosidades sobre Marte, o Planeta Vermelho*. Disponível em: <https://www.megacurioso.com.br/marte/69778-saiba-fatos-e-curiosidades-sobre-marte-o-planeta-vermelho.htm>. Acesso em: 20 jun. 2018.

____. *Conheça alguns fatos e curiosidades sobre o planeta Netuno*. Disponível em: <https://www.megacurioso.com.br/universo/55533-conheca-alguns-fatos-e-curiosidades-sobre-o-planeta-netuno.htm>. Acesso em: 20 jun. 2018.

CAIN, Fraser. *Was the Big Bang just a black hole?* Disponível em: <https://phys.org/news/2016-02-big-black-hole.html>. Acesso em: 20 jun. 2018.

CASSELLA, Carly. *Astronomers have discovered a sizeable object lurking at the edge of our Solar System*. Disponível em: <http://www.sciencealert.com/astronomers-just-investigated-a-mysterious-object-lurking-at-the-edge-of-our-solar-system>. Acesso em: 20 jun. 2018.

CASTRO, Ricardo de. *Poderá o buraco negro do centro da Via Láctea tornar-se super ativo? Quantas vezes os buracos negros gigantes se tornam hiperativos?*. Disponível em: <http://eternosaprendizes.com/2010/12/24/podera-o-buraco-negro-do-centro-da-via-lactea-tornar-se-super-ativo-quantas-vezes-os-buracos-negros-gigantes-se-tornam-hiperativos/#comment-6163>. Acesso em: 20 jun. 2018.

CHOI, Charles Q. *Mars Facts: Life, Water and Robots on the Red Planet*. Disponível em: <https://www.space.com/47-mars-the-red-planet-fourth-planet-from-the-sun.html>. Acesso em: 20 jun. 2018.

CHOI, Charles Q. *Planet Venus facts: A hot, hellish & volcanic planet*. Disponível em: <planet-in-solar-system.html>. Acesso em 20 jun. 2018.

____. *Planet Uranus: Facts abou its name, moons and orbit*. Disponível em: <https://www.space.com/45-uranus-seventh-planet-in-earths-solar-system-was-first-discovered-planet.html>. Acesso em 20 jun. 2018.

____. *Planet Neputne: Facts about its orbit, moons & rings*. Disponível em: <https://www.space.com/41-neptune-the-other-blue-planet-in-our-solar-system.html>. Acesso em: em 20 jun. 2018.

COULD Jupiter become a star. Disponível em: <https://phys.org/news/2014-02-jupiter-star.html>. Acesso cm: 20 jun. 2018.

CROSWELL, KEN. *Hubble spots the farthest spiral galaxy ever seen*. Disponível em: <http://www.sciencemag.org/news/2012/07/hubble-spots-farthest-spiral-galaxy-ever-seen>. Acesso em: 20 jun. 2018.

ESTRELA de Tabby não abriga megaestrutura alienígena, conclui pesquisa. Disponível em: <http://revistagalileu.globo.com/Ciencia/Espaco/noticia/2018/01/estrela-de-tabby-nao-abriga-megaestrutura-alienigena-conclui-pesquisa.html>. Acesso em: 20 jun. 2018.

EUROPEAN SOUTHERN OBSERVATORY (ESO). *Uma galáxia aparentemente velha num Universo jovem*. Disponível em: <https://www.eso.org/public/brazil/news/eso1508/>. Acesso em: 20 jun. 2018.

FUENTES, John. *Five Weird Stars Found in Our Galaxy*. Disponível em: <https://futurism.com/5-weird-stars-found-galaxy/>. Acesso em: 20 jun. 2018.

GHOSE, Tia. *Tiny slowdown in Earth's rotation could unleash major earthquakes*. Disponível em: <https://www.livescience.com/60989-slow-earth-rotation-triggers-earthquakes.html>. Acesso em: 20 jun. 2018.

GROSSMANN, Cesar. *Matéria escura e energia escura: o que é?* Disponível em: <https://hypescience.com/materia-escura-o-que-e/>. Acesso em: 20 jun. 2018.

INSTITUTO NACIONAL DE PESQUISAS ESPACIAIS (INPE). *Introdução à astronomia e astrofísica*. Disponível em: <http://staff.on.br/maia/Intr_Astron_eAstrof_Curso_do_INPE.pdf>. Acesso em: 20 jun. 2018.

HD 140283. Disponível em: <https://en.wikipedia.org/wiki/HD_140283>. Acesso em: 20 jun. 2018.

HOWELL, Elizabeth. *Goodbye Big Bang, hello black hole? A new theory of the universe's creation*. Disponível em <https://phys.org/news/2013-09-goodbye-big-black-hole-theory.html>. Acesso em: 20 jun. 2018.

HRALA, Josh. *Astronomers discover the biggest object in the Universe so far. The BOSS Great Wall*.

Disponível em: <http://www.sciencealert.com/astronomers-declare-the-boss-great-wall-the-biggest-thing-in-ever-found-in-the-universe>. Acesso em: 20 jun. 2018.

HUBLLESITE (EUA). *NASA's Hubble shows Milky Way is destined for head-on collision with Andromeda galaxy*. Disponível em: <http://hubblesite.org/news_release/news/2012-20>. Acesso em: 20 jun. 2018.

LEBOWITZ, Shana. *Sorry, you can't blame all your problems on the Mercury Retrograde*. Disponível em: <http://www.sciencealert.com/here-s-why-mercury-s-retrograde-2017-blame-is-bogus>. Acesso em: 20 jun. 2018.

LIRA, Júlio César Lima. Átomos. Disponível em: <https://www.infoescola.com/quimica/atomo/>. Acesso em 20 jun. 2018.

MARMET, Louis. *Oldest spiral galaxy BX442 supports Hubble's belief: Redshift does not mean expansion*. Disponível em: <http://cosmologyscience.com/cosblog/spiral-galaxy-bx-442-supports-hubbles-belief-redshift-does-not-mean-expansion/>. Acesso em: 20 jun. 2018.

MARS surface "more uninhabitable" than thought: study. Disponível em: <https://phys.org/news/2017-07-mars-surface-uninhabitable-thought.html>. Acesso em: 20 jun. 2018.

MARTON, Fábio. *Júpiter destruiu vários planetas do Sistema Solar há 4 bilhões de anos, diz novo estudo*. Disponível em: <https://super.abril.com.br/blog/supernovas/jupiter-destruiu-varios-planetas-do-sistema-solar-ha-4-bilhoes-de-anos-diz-novo-estudo/>. Acesso em: 20 jun. 2018.

NATIONAL AERONAUTICS AND SPACE ADMINISTRATION (NASA). *How often do giant black holes become hyperactive?* Disponível em: <https://www.nasa.gov/mission_pages/chandra/news/10-169.html>. Acesso em: 20 jun. 2018.

NEBULOSA. Disponível em: <https://pt.wikipedia.org/wiki/Nebulosa>. Acesso em: 20. jun. 2018.

NEBULOSAS: O que são nebulosas? Disponível em: <https://www.galeriadometeorito.com/p/nebulosas.html>. Acesso em 20 jun. 2018.

NEBULOSAS de emissão. Disponível em: <http://www.ccvalg.pt/astronomia/nebulosas/nebulosas_emissao.htm>. Acesso em: 20 jun. 2018.

NEWMAN, Andy. *Yes, Mercury Is in Retrograde. So What?*. Disponível em: <https://www.nytimes.com/2006/11/11/nyregion/11mercury.html?fta=y&_r=0>. Acesso em: 20 jun. 2018.

NIELD, David. *Hall our body's atoms could have come from outside the galaxy*. Disponível em: <http://www.sciencealert.com/half-of-the-atoms-inside-us-could-come-from-outside-our-galaxy>. Acesso em: 20 jun. 2018.

OBJETO interestelar não apresenta nenhum tipo de sinal de vida. Disponível em: <http://revistagalileu.globo.com/Ciencia/noticia/2017/12/objeto-interestelar-nao-apresenta-nenhum-tipo-de-sinal-de-vida.html>. Acesso em: 20 jun. 2018.

O OUMUAMUA é o primeiro asteroide interestelar a chegar até nós. Disponível em: <http://areadelta4.com/o-oumuamua-e-o-primeiro-asteroide-interestelar-a-chegar-ate-nos>. Acesso em 20 jun. 2018.

O QUE é átomo. Disponível em: <https://brasilescola.uol.com.br/o-que-e/quimica/o-que-e-atomo.htm>. Acesso em 20 jun. 2018.

OLIVEIRA, André Jorge de. *Nove dos mais estranhos exoplanetas conhecidos*. Disponível em: <http://revistagalileu.globo.com/Revista/Common/0,,EMI344589-17770,-00NOVE+DOS+MAIS+ESTRANHOS+EXOPLANETAS+CONHECIDOS.html>. Acesso em: 20 jun. 2018

OS ÁTOMOS do seu corpo vieram de outras galáxias. Disponível em: <http://azeheb.com.br/blog/os-atomos-do-seu-corpo-vieram-de-outras-galaxias/>. Acesso em: 20 jun. 2018.

OS TAMANHOS e as distâncias do Sol e dos planetas do Sistema Solar em escala. Disponível em: <http://amenteerrante.blogspot.com/2014/01/os-tamanhos-e-as-distancias-do-sol-e.html>. Acesso em: 20 jun. 2018.

PAOLETTA, Rae. *RIP Cassini: uma retrospectiva das fotos mais impressionantes de Saturno tiradas pela sonda*. Disponível em: <http://gizmodo.uol.com.br/rip-cassini-melhores-fotos/#3>. Acesso em: 20 jun. 2018.

PATRICK, Francisco. *Estrela Gigante Vermelha*. Disponível em: <http://www.siteastronomia.com/estrela-gigante-vermelha>. Acesso em: 20 jun. 2018.

PODE estar chovendo diamante em Urano e Netuno, segundo cientistas. Disponível em: <http://ufos-wilson.blogspot.com.br/2017/08/pode-estar-chovendo-diamante-em-urano-e.html>. Acesso em 20 jun. 2018.

POURHASAN, Razieh; AFSHORDI, Niayesh; MANN, Robert. *Out of the White hole: A holographic origin for the Big Bang*. Disponível em: <https://arxiv.org/abs/1309.1912>. Acesso em: 20 jun. 2018.

POWELL, COREY. S. *How big is the biggest possible planet?* Disponível em: <http://blogs.discovermagazine.com/outthere/2017/08/04/how-big-is-the-biggest-possible-planet/#.WYn_ClWGOUm>. Acesso em: 20 jun. 2018.

PROXIMA B, planeta parecido com a Terra, pode ter oceano, diz estudo. Disponível em: <http://g1.globo.com/ciencia-e-saude/noticia/2016/10/proxima-b-planeta-parecido-com-terra-pode-ter-oceano-diz-estudo.html>. Acesso em 20 jun. 2018.

PSR J1719-1438. Disponível em: <https://futurism.com/psr-j1719-1438-the-star-that-turned-into-a-diamond-planet-2/>. Acesso em: 20 jun. 2018.

RESENDE, Letícia. *Crianças nascidas em Marte seriam mais altas*. Disponível em: <https://hypescience.com/criancas-nascidas-em-marte-seriam-mais-altas/>. Acesso em: 20 jun. 2018.

ROMANZOTI, Natasha. *Cinco estrelas bizarras da nossa galáxia*. Disponível em: <https://hypescience.com/5-estrelas-estranhas-encontradas-em-nossa-galaxia/>. Acesso em: 20 jun. 2018.

S5 0014+81. Disponível em: <https://en.wikipedia.org/wiki/S5_0014%2B81>. Acesso em: 20 jun. 2018.

SANTANA, Ana Lúcia. *Via Láctea*. Disponível em: <https://www.infoescola.com/astronomia/via-lactea/>. Acesso em: 20 jun. 2018.

SATURN facts. Disponível em: <https://space-facts.com/saturn/>. Acesso em: 20 jun. 2018.

SCUDEE, Jillian. *How big is the biggest star we have ever found?* Disponível em: <https://phys.org/news/2015-02-big-biggest-star.html>. Acesso em: em 20 jun. 2018.

SCHULZE-MAKUCH. Is silicon-based life possible? Disponível em: <https://www.airspacemag.com/daily-planet/is-silicon-based-life-possible-5120513/>. Acesso em: 20 jun. 2018.

SERVICE, Robert F. *Researchers take small step toward silicone-based life*. Disponível em: <http://www.sciencemag.org/news/2016/03/researchers-take-small-step-toward-silicon-based-life>. Acesso em: 20 jun. 2018.

SOMOS poeira de estrelas. Disponível em: <https://super.abril.com.br/historia/somos-poeira-de-estrelas/>. Acesso em: 20 jun. 2018.

STONE, Maddie. *That "Alien Megaestructure" star is freaking out again (updated)*. Disponível em: <http://gizmodo.com/that-alien-megaestructure-star-is-freaking-out-again-1795385620>. Acesso em: 20 jun. 2018.

THAN, Ker. *Largest known exoplanet discovered*. Disponível em: <https://www.space.com/4151-largest-exoplanet-discovered.html>. Acesso em: em 20 jun. 2018.

UNIVERSIDADE FEDERAL DO RIO GRANDE DO SUL. *Aglomerados estelares*. Disponível em: <http://www.if.ufrgs.br/oei/hipexpo/aglomerados.pdf>. Acesso em: Acesso em: 20 jun. 2018.

WESTPHAL, Cristian Reis. *O que é um buraco branco?* Disponível em: <http://sustentahabilidade.com/o-que-e-um-buraco-branco/>. Acesso em: 20 jun. 2018.

WHAT is a white hole? Disponível em: <http://www.iflscience.com/physics/what-white-hole/>. Disponível em: 20 jun. 2018. Acesso em: 20 jun. 2018.

YIRKA, Bob. *Evidence found for mid-sized black hole near center of Milky Way*. Disponível em: <https://phys.org/news/2017-09-evidence-mid-sized-black-hole-center.html>. Acesso em: 20 jun. 2018.

**Acreditamos
nos livros**

Este livro foi composto em Lyon Text, Graphik e Futura Passata e impresso pela Geográfica para a Editora Planeta do Brasil em outubro de 2024.

Artist's concept of the Milky Way Galaxy. GLAST will provide detailed information on where stars are forming. Credit: NASA JPL

VIA LÁCTEA – NA VERDADE UMA REPRESENTAÇÃO ARTÍSTICA DA VIA LÁCTEA, JÁ QUE NÃO É POSSÍVEL FOTOGRAFÁ-LA INTEIRA, POIS ESTAMOS DENTRO DELA. A REPRESENTAÇÃO É BASEADA EM IMAGENS DE GALÁXIAS SEMELHANTES A NOSSA.

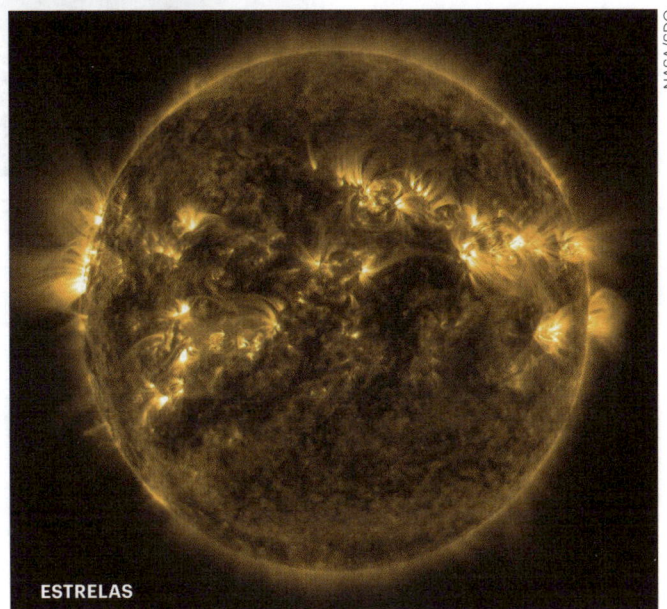

NASA/SDO

ESTRELAS

SHUTTERSTOCK

ÁTOMO

SUPERNOVAS

NASA, ESA and H.E. Bond (STScI)

NEBULOSA DO CARANGUEJO

NASA, ESA, J. Hester, A. Loll (ASU)

PILARES DA CRIAÇÃO, IMAGEM OBTIDA PELO HUBBLE

NASA, ESA and the Hubble Heritage Team (STScI/AURA)

NEBULOSA DE EMISSÃO

A NEBULOSA DE HELIX, TAMBÉM CONHECIDA COMO "OLHO DE DEUS"

ESTRELAS DE NÊUTRONS

NEBULOSA BUMERANGUE, IMAGEM OBTIDA PELO HUBBLE

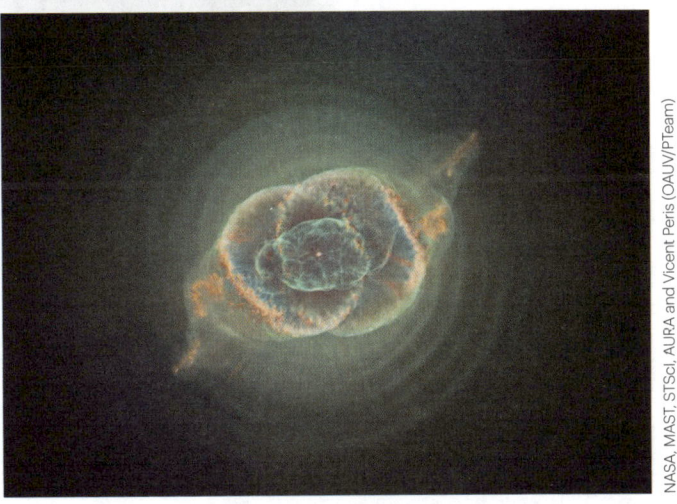

NEBULOSA PLANETÁRIA

NEBULOSA CABEÇA DA BRUXA, UMA NEBULOSA DE REFLEXÃO FOTOGRAFADA PELO HUBBLE

ESTRELAS DE NÊUTRONS

PULSARES

MAGNETAR

STARQUAKES

BURACO NEGRO

SAGITTARIUS A*

BIG BANG: SERIA ELE UM BURACO NEGRO DE OUTRO UNIVERSO?

NASA, and M. Weiss (Chandra X-ray Center)

JÚPITER

NASA/Damian Peach

SISTEMA SOLAR

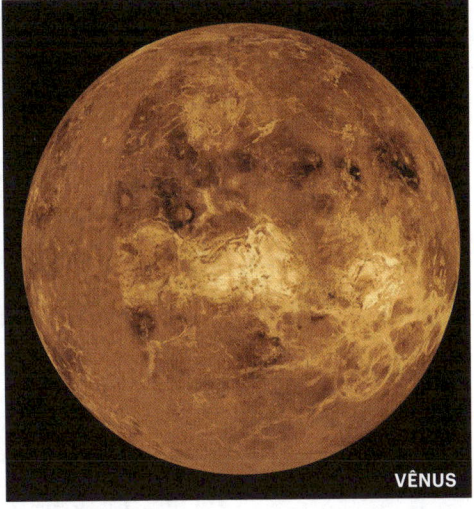

PLANETAS

MERCÚRIO

VÊNUS

TERRA

MARTE

NASA

SATURNO

NASA/JPL-Caltech/Space Science Institute/G. Ugarkovic

URANO

NETUNO

PLUTÃO

PLANETA 9

COMETAS

ASTERÓIDE

NASA/JPL-Caltech/UCAL/MPS/DLR/IDA

ASTERÓIDES

NASA/JPL-Caltech

EXOPLANETAS

NASA/JPL-Caltech/T. Pyle (SSC)

PLANETA PRÓXIMA B

ESO/M. Kornmesser

TRAPPIST-1

NASA/JPL-Caltech

JÚPITERES QUENTES

TRES-2B

UMA COMPARAÇÃO DE TAMANHOS DE ESTRELAS

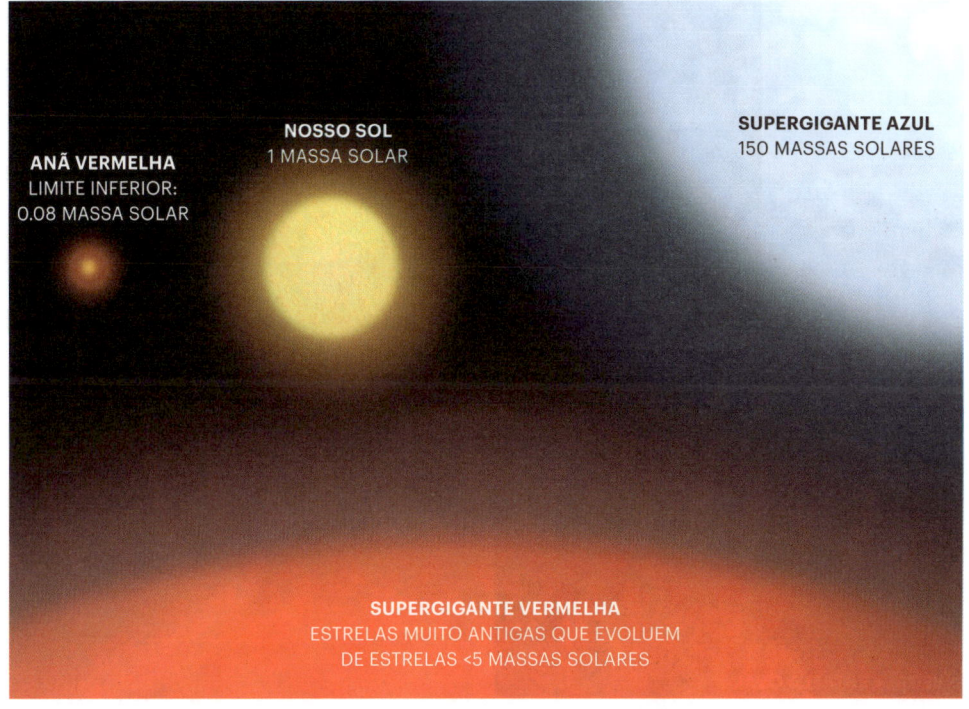

ANÃ VERMELHA
LIMITE INFERIOR:
0.08 MASSA SOLAR

NOSSO SOL
1 MASSA SOLAR

SUPERGIGANTE AZUL
150 MASSAS SOLARES

SUPERGIGANTE VERMELHA
ESTRELAS MUITO ANTIGAS QUE EVOLUEM
DE ESTRELAS <5 MASSAS SOLARES

AGLOMERADOS DE ESTRELAS

GALÁXIA DO SOMBREIRO

VEGA; A ESTRELA OVAL

GALÁXIA DE ANDRÔMEDA

ESA/Herschel/PACS/SPIRE/J.Fritz, U.Gent/XMM-Newton/EPIC/W. Pietsch, MPE

GALÁXIA A1689-ZD1

NASA, ESA, CFHT, CXO, M.J. Jee (University of California, Davis), and A. Mahdavi (San Francisco State University)

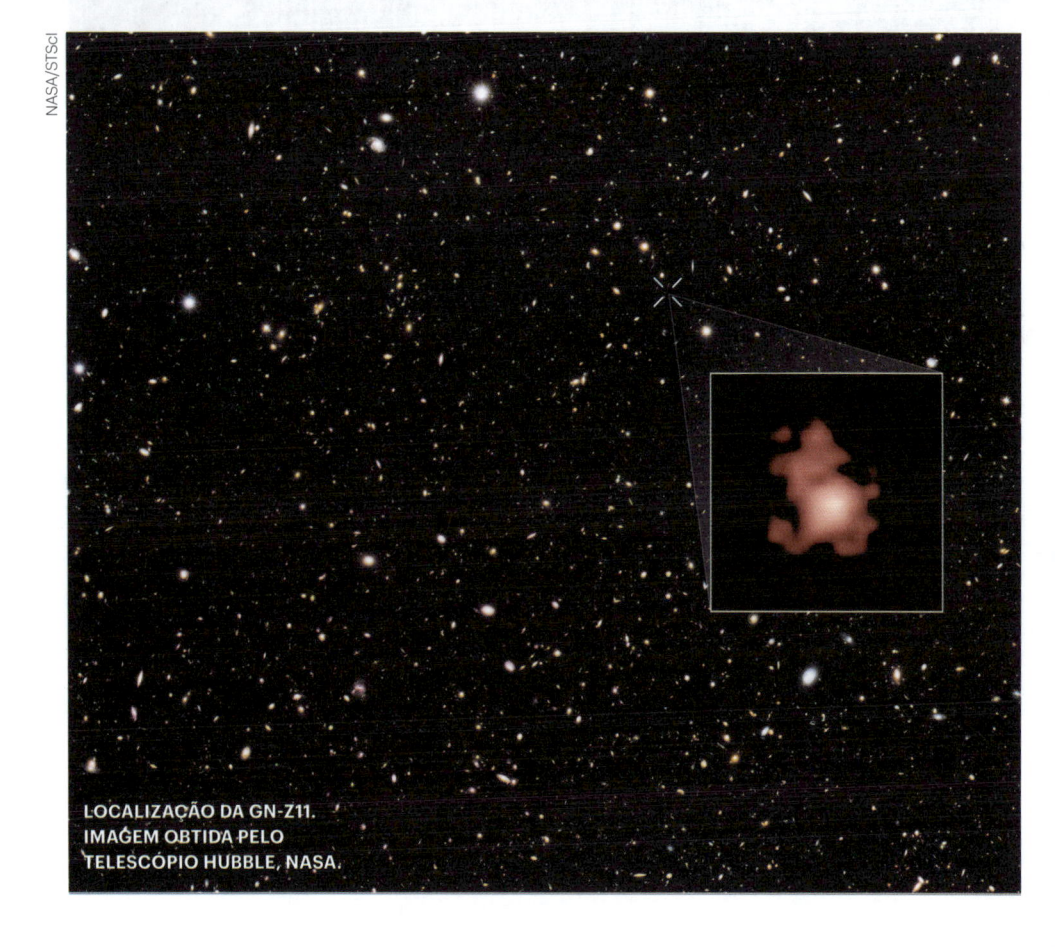

NASA/STScI

LOCALIZAÇÃO DA GN-Z11.
IMAGEM OBTIDA PELO
TELESCÓPIO HUBBLE, NASA.

BURACOS BRANCOS

QUASARES

ENERGIA ESCURA

BURACO DA MINHOCA

BURACOS NEGROS SUPERMASSIVOS

BIG BANG